FORSCHUNGSBERICHTE DES LANDES NORDRHEIN-WESTFALEN

Nr. 1189

Herausgegeben
im Auftrage des Ministerpräsidenten Dr. Franz Meyers
von Staatssekretär Professor Dr. h. c. Dr. E. h. Leo Brandt

Prof. Dr.-Ing. E. h. Dr. phil. Oskar Niemczyk †

Dipl.-Ing. Heinz Wesemann

Beitrag zur Wiederherstellung des trigonometrischen Festpunktfeldes in geschlossenen, umfangreichen Bergbaugebieten

Springer Fachmedien Wiesbaden GmbH

ISBN 978-3-663-06214-1   ISBN 978-3-663-07127-3 (eBook)
DOI 10.1007/978-3-663-07127-3

Verlags-Nr. 011189

Vorwort

Die letzte Dreiecksmessung zur Wiederherstellung des durch Abbaueinwirkungen im rheinisch-westfälischen Steinkohlenbezirk unbrauchbar gewordenen trigonometrischen Punktnetzes erfolgte in den Jahren 1919/20. In den vergangenen vier Jahrzehnten sind zwar eine Reihe von Neumessungen erfolgt; sie betrafen aber immer nur Teilabschnitte. Wenn das Gesetz der Nachbarschaft und alle übrigen Fragen eines homogenen Punktnetzes nicht außer acht gelassen werden sollen, erweist sich die Erneuerung des gesamten Dreiecksnetzes daher als unumgänglich und notwendig.

Ein vor etwa zehn Jahren unternommener Versuch, mit Unterstützung des Geodätischen Institutes Frankfurt am Main, des Landesvermessungsamtes des Landes Nordrhein-Westfalen und des Oberbergamtes Dortmund eine Erneuerung sowie Erweiterung des unbrauchbaren Punktnetzes in die Wege zu leiten, scheiterte an den Kosten. Die Errichtung von hohen Stahltürmen für Beobachtungen I. und II. Ordnung sowie der weiteren Erkundungs-, Vermarkungs- und Vermessungsarbeiten, außerdem die Beleuchtungs- und Signalisierungsschwierigkeiten infolge der die Sichten behindernden ungewöhnlich starken Rauch- und Rußentwicklung im Ruhrrevier hätten einen Kostenaufwand erfordert, den der Steinkohlenbergbau auch anteilig nicht aufzubringen vermochte.

Bereits 1950 zeigte Herr Professor Dr.-Ing. E. h. Dr. phil. OSKAR NIEMCZYK † in einem anläßlich der Geodätischen Woche in Köln gehaltenen Vortrag eine Reihe von Möglichkeiten auf und gab Anregungen und Vorschläge, wie die bergbaulich verursachten Schwierigkeiten und Vermessungen in geschlossenen, umfangreichen Bergbaugebieten gemindert werden könnten.

Die in der Zwischenzeit erfolgte Weiterentwicklung elektrophysikalischer Entfernungsmeßverfahren sowie die fortlaufend gesteigerte Genauigkeit der Meridianweisermessungen eröffneten neue, wirtschaftlichere Möglichkeiten, die 1950 gemachten Vorschläge zu verwirklichen.

Herr Professor NIEMCZYK † beantragte daher im April 1959 mit Erfolg beim Herrn Kultusminister des Landes Nordrhein-Westfalen Forschungsmittel für Untersuchungen, die zur Klärung und Schaffung der Grundlagen für die Erneuerung des durch Abbaueinfluß unbrauchbar gewordenen Dreiecksnetzes im rheinisch-westfälischen Bergbaubezirk führen sollten.

Die von Professor NIEMCZYK † veranlaßten Erkundungsarbeiten wurden Herrn Markscheider Dipl.-Ing. H. WESEMANN übertragen, der die Arbeiten im Juli 1959 aufnahm und im August 1960 abschloß. Nach anschließender Auswertung hat H. WESEMANN seine Ergebnisse in der nachstehend wiedergegebenen Arbeit vorgelegt. Sie soll zugleich Rechenschaft über die Verwendung der vom Lande Nordrhein-Westfalen hierzu bewilligten Geldmittel ablegen.

Es war Herrn Professor Dr.-Ing. E. h. Dr. phil. Niemczyk † leider nicht mehr vergönnt, die Veröffentlichung der Arbeit zu erleben. Als er im November 1961 starb, hatte er vorher zwar selbst noch letzte Hand an diese Arbeit gelegt; die Drucklegung verzögerte sich jedoch noch. So ist diese Arbeit, die hiermit der wissenschaftlichen Öffentlichkeit übergeben wird, zugleich ein Zeichen der Erinnerung und Dankbarkeit an diesen großen Lehrer und Forscher.

Berlin, im Mai 1962

o. Professor Dr. P. Hilbig
Technische Universität Berlin

I.

A. Einführung

In der Vergangenheit hat man dem fortlaufenden Zerfall des Festpunktnetzes in Bergbaugebieten dadurch zu begegnen versucht, daß man in unregelmäßigen Zeitabschnitten umfassende Wiederherstellungs- oder Ergänzungstriangulationen vornahm. So berichtet O. NIEMCZYK [50] von Wiederherstellungstriangulationen im oberschlesischen Steinkohlenbezirk aus den Jahren 1901 und 1926 sowie über die vielfachen trigonometrischen Neu- und Ergänzungsmessungen im nieder-schlesischen Steinkohlengebiet und im Saarrevier. Aus dem Aachener Stein-kohlengebiet ist bekannt, daß im Jahre 1955 eine Netzwiederherstellung in der II. und III. Ordnung im Raume Kohlscheid stattfand, die ebenfalls auf bergbau-lich verursachte Bodenbewegungen zurückzuführen war. Als ein besonders gutes Beispiel für fortlaufend erforderliche Triangulierungsarbeiten gilt das rheinisch-westfälische Steinkohlenrevier. Hier sind seit Schaffung des Landesdreiecksnetzes fünf trigonometrische Neubestimmungen durchgeführt worden:

1. Triangulation I.–IV. Ordnung der Preußischen Landesaufnahme im Dortmunder Kohlengebiet 1876/77.
2. Dreieckskette I. Ordnung einschließlich Verdichtungstriangulation II.–IV. Ordnung durch die Preußische Landesaufnahme im Zuge der rheinisch-hessischen Dreiecks-kette 1889–1904.
3. Neutriangulation II.–IV. Ordnung der Preußischen Landesaufnahme im Ruhrgebiet 1919/20.
4. Neutriangulation II. Ordnung des Reichsamtes für Landesaufnahme im westlichen Ruhrgebiet 1931.
5. Neutriangulationen II.–IV. Ordnung des Landesvermessungsamtes von Nordrhein-Westfalen im Ruhrgebiet 1949–1960.

Während bei den Arbeiten unter Punkt 1. bis 4. das rheinisch-westfälische Drei-ecksnetz oder große Teile desselben im ganzen neu bestimmt oder wiederher-gestellt wurden, beschritt das Landesvermessungsamt von Nordrhein-Westfalen (abgekürzt NW) seit 1949 einen anderen Weg. Man begann damit, durch Neu-messungen kleinerer, geschlossener Gebietsteile das zerstörte Festpunktnetz ab-schnittweise wiederherzustellen und zu verdichten. Hierzu sei auf Anlage 1 ver-wiesen, in der alle von 1949 bis 1960 im Ruhrgebiet ausgeführten Dreiecksmessun-gen II. Ordnung dargestellt sind. Darüber hinaus wurden vom Landesvermes-sungsamt NW im gleichen Zeitraum über 30 weitere Neutriangulationen im Rahmen der niederen Ordnungen durchgeführt. Mit diesen Arbeiten sollte den dringendsten Forderungen, die durch außergewöhnlich starke Kriegsschäden bedingt waren, Rechnung getragen und die trigonometrischen Punktbestimmun-gen wegen der laufend auftretenden Horizontal- und Vertikalbewegungen inner-halb eines möglichst kurzen Zeitraumes durchgeführt werden.

Diese Erkenntnis war den ungünstigen Ergebnissen der Ruhrgebietstriangulation von 1919/20 mit zu verdanken. Bei dieser Dreiecksmessung hatte man die erforderlichen Beobachtungen nicht in einem Zuge zum Abschluß gebracht, obwohl der Trigonometrischen Abteilung des Reichsamtes für Landesaufnahme sogar das Ausmaß der bergbaulich verursachten Horizontalbewegungen bekannt war. Vielmehr begannen die Messungen im Herbst 1919 und wurden erst nach zweimaliger Unterbrechung infolge ungünstiger Wetterlage und politischer Unruhen zusammen mit den Beobachtungen in den Netzen der III. und IV. Ordnung im Sommer 1920 beendet. Die inzwischen wiederum eingetretenen Bodenbewegungen hatten die Festpunkte in erheblichem Maße verändert, so daß das Reichsamt für Landesaufnahme selbst die Ergebnisse dieser Triangulation als »ungünstig« bezeichnet hat [71].

Durch das Beobachtungsverfahren, Netzteile nur in einer solchen Ausdehnung zu erneuern, daß auch die weiteren Netzverdichtungen in einem Arbeitsgang durchgeführt werden können, ist zwar viel gewonnen worden. Dennoch darf nicht übersehen werden, daß auch diesem Verfahren Nachteile anhaften, die später erläutert werden.

Da die markscheiderischen Messungen in der Regel mittels Dreiecksmessung, Einzel- oder Mehrpunkteinschaltung und durch Polygonmessungen an das Landesdreiecksnetz angeschlossen werden, gehen diese Arbeiten über Beobach-

Tab. 1[1]

Triangulation	Mittlere Richtungsfehler aus der Ausgleichung in cc	Mittlere Punktfehler in m
Hauptdreieckskette Kirchhellen-Velbert, 1950	± 4,5	
NV Gelsenkirchen, 1950	± 7	± 0,04
GW Castrop-Rauxel, 1950/51	± 13	± 0,08
NV Essen, 1951	± 11	± 0,06
NV Essen–Mülheim, 1952	± 9	± 0,04
GW und NV Dortmund, 1952	± 11	± 0,08
NV Niederrhein, 1953	± 11	± 0,10
GW Hamm und Umgebung, 1954	± 11	± 0,09
NV Essen Nordwest, 1954	± 13	± 0,06
GW und NV Datteln, 1956	± 16	± 0,07
GW und NV Duisburg-Mitte und -Süd, 1958/59	± 12	± 0,08
GW und NV Bochum, 1959	± 21	± 0,07
GW und NV Bochum-Südost, 1960	± 13	± 0,09
GW Unna, 1960	± 12	± 0,09

NV = Netzverdichtung, GW = Gebietswiederherstellung

[1] Herrn Oberregierungs- und Vermessungsrat Dipl.-Ing. VAHLENSIECK, Leiter der trigonometrischen Abteilung des Landesvermessungsamtes NW, sei an dieser Stelle für die Gewährung der Einsichtnahme in die entsprechenden Berechnungsbücher und für die Erlaubnis zur Veröffentlichung der obigen Zahlenangaben sowie für die Bereitstellung der in den Anlagen 1 und 2 benutzten Unterlagen gedankt.

tungen im Rahmen der II. Ordnung im allgemeinen nicht hinaus. In der Tab. 1 sind daher zunächst die mittleren Richtungs- und Punktgenauigkeiten der in Anlage 1 dargestellten Dreiecksmessungen aufgeführt. Die Zahlenwerte der Tab. 1 sind durch arithmetische Mittelbildung des mittleren Richtungs- und Punktfehlers sowohl der Festpunkte II. als auch III. Ordnung der jeweiligen Dreiecksnetze entstanden.

Die Zahlenangaben der Tab. 1 lassen erkennen, daß die neubestimmten Festpunkte die gesetzlich vorgeschriebene, höchstzulässige Punktlagegenauigkeit einhalten. Dem Festpunkterlaß vom 15. August 1940 zufolge [72] darf bei trigonometrischen Punkten des Landesnetzes die Länge der großen Halbachse der mittleren Fehlerellipse 0,15 m nicht überschreiten. Dieser Vorschrift ist dann genügt, wenn die mittleren Fehler für den Hoch- und Rechtswert unter 0,10 m bleiben. Die vom Landesvermessungsamt angefertigten Landesdreiecksnetzbilder lassen erkennen, daß die im Festpunkterlaß [72] unter Nr. 17 (3) geforderte Punktdichte innerhalb des rheinisch-westfälischen Steinkohlenbezirks bereits erreicht ist.

B. Waagerechte Anteile von Festpunktverschiebungen

Anlage 2 zeigt die aus Koordinatenunterschieden wiederholt vorgenommener Dreiecksmessungen sich ergebenden waagerechten Wanderungsbeträge von Festpunkten im Raume Gelsenkirchen, Herne, Essen und Bochum. Danach haben einige Punkte im Laufe von zwei Jahrzehnten Verschiebungen von insgesamt 1,50 m und mehr erfahren, während andere, z. T. benachbarte Punkte im gleichen Zeitraum nur um 0,30 oder 0,40 m verschoben wurden. Schon früher hat W. ROTHKEGEL [53] über Verschiebungen trigonometrischer und polygonometrischer Punkte im Ruhrbezirk berichtet. Nach eingehenden Untersuchungen stellte er in der Gemeinde Günnigfeld bei Wattenscheid Verschiebungen bis zu 2,38 m an mehreren Punkten des Dreiecksnetzes fest. Diese Angaben ergänzte A. OVERHOFF [54] im gleichen Jahre, wobei er sogar Punktwanderungen bis zu 3,75 m Ausmaß im Süden Bochums ermittelte. Vergleicht man diese Beträge mit den in Anlage 2 festgestellten Verschiebungswerten, so erscheinen die von

| Punktlage (unmaßstäblich) | Länge | | Richtung |
	der Festpunktseiten (Berechnet aus Koordinaten) Jahr der Messung		
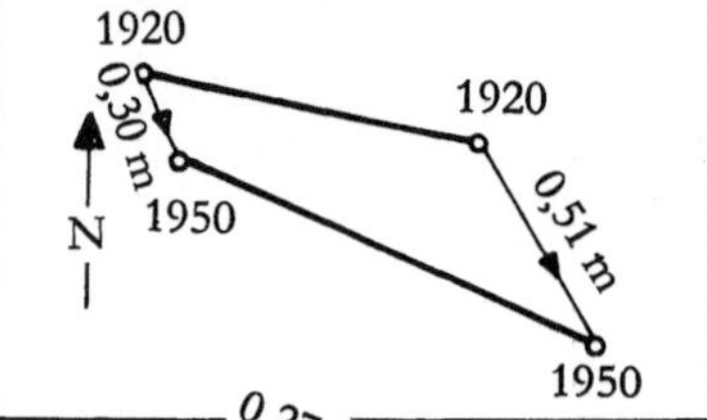	in Meter		in 0,0000^g
	1765,648	1920	113,9943
	1765,797	1950	114,0001
	+ 0,149 m Unterschied 0,0058^g		
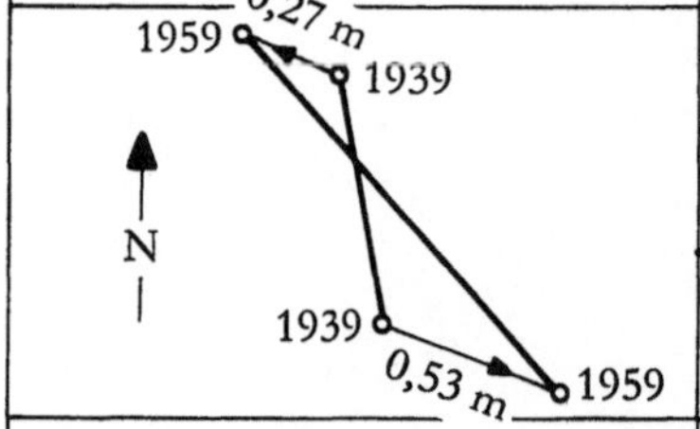	1625,917	1939	192,4280
	1626,082	1959	192,3973
	+ 0,165 m Unterschied 0,0307^g		
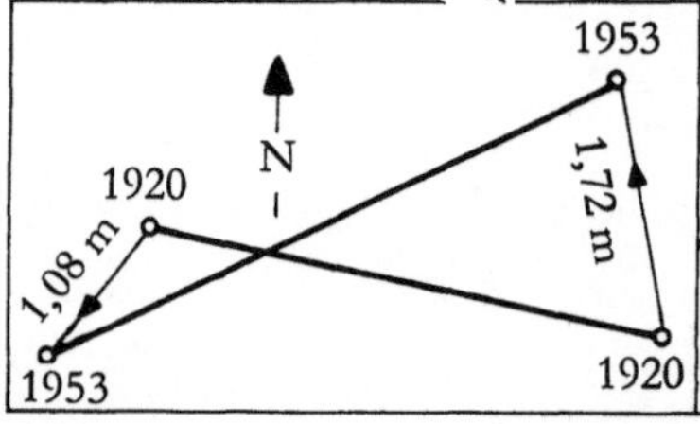	4276,297	1920	307,7646
	4277,286	1953	307,7330
	+ 0,989 m Unterschied 0,0316^g		

Rothkegel und Overhoff gemachten Angaben zunächst außergewöhnlich hoch. Doch ist zu berücksichtigen, daß der Steinkohlenbergbau um die Jahrhundertwende noch in geringen Teufen umging. Bereits H. Keinhorst [28] wies auf eine gesetzmäßige Abnahme der Längenänderungsgrößen (bei Keinhorst noch als »Bodenspannungen« bezeichnet) mit zunehmender Teufe hin.

Ferner geht aus Anlage 2 und Tab. 2 hervor, daß infolge Verschiebung der Abbauschwerpunkte die im Laufe größerer Zeiträume festgestellten Längen- und Richtungsänderungen der Dreiecksseiten erhebliche Beträge annehmen können. Der Nachweis unsicherer Festpunkte wird sich durch merkliche Unterschiede zwischen dem mittleren Richtungsfehler nach der Ausgleichung und dem mittleren Richtungsfehler aus den Beobachtungen bemerkbar machen[2].

E. Fox [15], F. Ackerl [1], [2] und [3], P. Werkmeister [66], W. Laska [33] und J. Hinterkeuser [22] haben zwar arithmetische und graphische Lösungswege aufgezeigt, auf welche Weise der Einfluß unsicher gewordener Festpunkte auf die Lagegenauigkeit von Neupunkten ermittelt werden kann. Hierbei wird vorausgesetzt, daß die mittleren Punktlagefehler der Anschlußpunkte bekannt sind; dies trifft jedoch für die vom Bergbau verschobenen Dreieckspunkte keineswegs zu. In eng zusammenhängenden Abbaufeldern mehrerer benachbarter Steinkohlenzechen wird es heute nur noch unter sehr großen Schwierigkeiten möglich sein, die waagerechten Verschiebungsbeträge der einzelnen Dreieckspunkte fortlaufend zu beobachten oder rechnerisch zu erfassen.

Danach läßt sich folgendes feststellen: In zusammenhängenden Bergbaugebieten unterliegen trigonometrische Netze einer ständigen Beeinflussung durch die vom Abbau hervorgerufenen, räumlich stattfindenden Bodenbewegungen, die ein solches Ausmaß annehmen können (Anlage 2), daß die Lagesicherheit der Festpunkte vollkommen verlorengeht. Das Landesvermessungsamt hat bisher versucht (Anlage 1), im Bedarfsfall einzelne Netzteile wiederherzustellen. Der Erfolg dieser Arbeiten wird aber schon einige Monate oder Jahre nach Einmessung der Dreieckspunkte durch neue Bodenbewegungen in Frage gestellt, so daß sichere Anschlußmöglichkeiten für Folgemessungen wiederum fehlen. Aus dieser Erkenntnis heraus stellte O. Niemczyk bereits 1950 – als eine weitere, umfassende Wiederherstellungstriangulation für das rheinisch-westfälische Steinkohlengebiet geplant, jedoch leider nicht durchgeführt wurde – die Forderung, in geschlossenen, umfangreichen Bergbaugebieten nach beweglicheren und auch wirtschaftlicheren Verfahren zur Lagebestimmung von Festpunkten zu suchen [48].

---

[2] Wie Herr Markscheider Dipl.-Ing. J. Scholz von der Westfälischen Berggewerkschaftskasse in Bochum hierzu mitteilte, hat er diese Tatsache bereits mehrfach unter Beweis stellen können. Bei den alljährlich im Raume Bochum durchgeführten Schülerübungen (Rückwärtseinschnitte) im Rahmen der Vermessungssteigerausbildung ist immer wieder festzustellen, daß unmittelbar nach einer Neutriangulation zunächst die mittleren Richtungsfehler aus der Ausgleichung kleiner ausfallen als die mittleren Beobachtungsfehler. Mit zunehmendem Abstand der Messungen vom Zeitpunkt der Neutriangulation ändert sich jedoch das Bild in der Weise, daß die mittleren Richtungsfehler aus der Ausgleichung größer werden als die mittleren Beobachtungsfehler.

C. Nachweis bergunsicherer Flächen

Der Durchführung einer Neuvermessung gehen zunächst sorgfältige Ermittlungen des bisher durch bergbauliche Bodenbewegungen beeinflußten Geländes sowie der zukünftigen Einwirkungsbereiche auf Grund entsprechender Abbauplanungen der einzelnen Zechenmarkscheider voraus. Das Ergebnis der im Jahre 1960 im gesamten rheinisch-westfälischen Steinkohlengebiet angestellten Erhebungen zeigt Anlage 3; die Darstellung schließt sowohl die zwischen 1920 bis 1960 unsicher gewordenen Gebiete des gesamten Beckens als auch die nach heutigen Gesichtspunkten mutmaßlichen Einwirkungsflächen bis zum Jahre 1980 ein. Damit ist eine langgezogene, elliptisch geformte und an den Rändern sehr unregelmäßig ausgebildete Fläche von rd. 2300 km², die in der Längserstreckung ungefähr 110 km und in der Breite 40 km mißt, nachgewiesen, in der eine *bleibende*, lagesichere Punktanlage nach den bisher üblichen Verfahren einer Triangulation auch in Zukunft nicht möglich ist. Damit dürfte die Notwendigkeit einer baldigen Neuvermessung auf anderer Grundlage augenscheinlich geworden sein.

Bemerkenswert ist jedoch, daß sich innerhalb dieser Einwirkungsfläche insgesamt neun kleinere, begrenzt bergsichere oder von Abbaueinflüssen wenig berührte Inselflächen befinden, die unregelmäßig verteilt sind. Ferner dürfen neun randnah gelegene trigonometrische Punkte der I. Ordnung sowie Zwischenpunkte der I. Ordnung der rheinisch-hessischen Dreieckskette von 1889/90 als bergsicher angesprochen werden.

II.

A. Allgemeine Überlegungen zu einer Neuvermessung des rheinisch-westfälischen Steinkohlengebietes

Infolge des ständig über dem rheinisch-westfälischen Steinkohlengebiet liegenden Industriedunstes ist die Frage der Punktdichte u. a. von der Sichtweite abhängig, die erfahrungsgemäß während des Tages auf durchschnittlich 3–5 km und bei Nachtbeobachtungen auf ungefähr 8 km beschränkt bleibt. Nur an sehr wenigen Tagen des Jahres sind Fernsichten bis zu 10 km und mehr möglich. Es ist daher zumindest eine Punktdichte von 1 Punkt auf 6 km² erforderlich.

Von allen für die Erneuerung von Punktnetzen oder Netzteilen in Betracht zu ziehenden Bestimmungsverfahren ist das polygonale bei hoher Genauigkeit das beweglichste und wirtschaftlichste, sofern mit langen Polygonseiten gearbeitet werden kann. Sein besonderer Vorteil ist, daß sich hierbei die Linienführung und die Bestimmung der Punktlage dem Gelände und Vermessungszweck besser anpassen lassen, als dies bei Dreiecksnetzen möglich ist. Außerdem ist es bei einem Polygonzug leicht möglich, unbrauchbar gewordene Teile zwischen sicher gebliebenen Punkten ohne großen meßtechnischen Aufwand neu zu bestimmen. Da sich die in einem Polygonzug erreichte Genauigkeit aus der Bestimmung des mittleren Quer- und Längsfehlers beurteilen läßt, werden diese Fehler nachfolgend für verschiedene Polygonzugarten berechnet.

B. Mittlerer Querfehler des Polygonzuges

1. Polygonzug mit gemessenen Brechungswinkeln

a) Mittlerer Querfehler $m_{q(P)}$ der Zugmitte

Für einen Sekundentheodoliten mit dem mittleren Ablesefehler $m_a = \pm 2^{cc}$, einem mittleren Kreisteilungsfehler $m_k = \pm 0,9^{cc}$ sowie dem mittleren Zielfehler $m_z = \pm 2^{cc}$ beträgt der mittlere Fehler eines gleichschenkligen, in beiden Fernrohrlagen beobachteten Winkels bei einer vollen Satzmessung mit Verstellen des Teilkreises nach E. EMSCHERMANN [12] $m_T = \pm 3^{cc}$. Da der Zentrierfehler bei großen Zielweiten vernachlässigt werden kann, ist er in obiger Rechnung unberücksichtigt geblieben.

1. Bei alleinigem Richtungs*an*schluß, jedoch Koordinaten*an-* *und* *-ab*schluß ist für die Zugmitte, wenn die Koordinatenwidersprüche f_x und f_y gleichmäßig auf die Streckenlängen verteilt werden, der mittlere Querfehler $m_{q(P)}$ nach O. VON GRUBER [19] bekanntlich

$$m_{q(P)} = \pm \frac{m_T}{\rho} \cdot L \sqrt{\frac{(n-1) + 2}{48 \cdot (n-1)}} \tag{I}$$

2. Bei Koordinaten- *und* Richtungs*an-* und *-ab*schluß erhält man für die Zugmitte nach [19]

$$m_{q(P)} = \pm \frac{m_T}{\rho} \cdot L \sqrt{\frac{(n+1) \cdot (n^2 + 3)}{192 \cdot n \cdot (n-1)}} \tag{II}$$

Unter Annahme einer Zuglänge L von 30 km mit Seitenlängen von $s = 1, 2, 3, 4$ und 5 km und entsprechender Anzahl der Beobachtungsstandpunkte $n = 31, 16, 11, 9$ und 7 sowie einem Winkelfehler $m_T = \pm 3^{cc}$ zeigt die folgende Tab. 3 die verschiedenen mittleren Querfehler für den jeweiligen Zugmittelpunkt.

Tab. 3

		Gesamtzuglänge L = 30 km					
	s	1	2	3	4	5	km
$m_{q(P)}$	n	31	16	11	9	7	
Nach Formel (I)		0,112	0,080	0,065	0,057	0,051	$m_{q(P)}$ in Metern
Nach Formel (II)		0,059	0,044	0,038	0,035	0,032	

18

2. Polygonzug als Vermessungskreiselzug

a) Verschiedene Kreiselgeräte und zukünftige Entwicklungsarbeiten

Bevor auf die Berechnung des mittleren Querfehlers der Zugmitte aus Vermessungskreiselzügen eingegangen wird, erscheinen zunächst folgende zusammenfassende Ausführungen zum besseren Verständnis der sich anschließenden Abschnitte notwendig. Ausführlichere Darstellungen über die bis 1959 gebauten Kreiselgeräte und deren Meßverfahren hat K. H. STIER gegeben [59], [60], [61].

Bei den nach 1957 für Vermessungszwecke erprobten richtungsfindenden Kreiselgeräten deutscher Hersteller unterscheidet man:

1. Bandgehängte Kreisel *mit* Flüssigkeitsentlastung der Kreiselkugel. Instrumente dieser Art sind seit 1953 von der Kreiselmeßstelle in der Abteilung Markscheidewesen der Westfälischen Berggewerkschaftskasse in Bochum entwickelt und gebaut worden, die ihre Instrumente Meridianweiser (abgekürzt MW) nennt, nachdem zuvor im Institut für Markscheidewesen an der Bergakademie Clausthal unter Leitung von Prof. Dr. phil. O. RELLENSMANN die Grundlagen erarbeitet worden waren.
2. Bandgehängte Kreisel *ohne* Flüssigkeitsentlastung der Kreiselkugel. Die erforderlichen Entwicklungsarbeiten dieser Bauart werden im zuvor erwähnten Clausthaler Institut durchgeführt. Vermessungskreisel ohne Flüssigkeitsentlastung baut die Firma O. FENNEL SÖHNE, Kassel, die ihre Instrumente Kreiseltheodolite (abgekürzt KT) bezeichnet.

Wegen der Entlastung des Gewichtes der Kreiselkugel durch die Tragflüssigkeit kann bei den unter 1. genannten Instrumenten das Aufhängeband sehr dünn gehalten werden, so daß als Vorzug dieser Ausführung die Einfachheit des Meßverfahrens infolge des praktisch vernachlässigbaren Dreheinflusses des Bandes auf die Weisung des Kreisels angesehen werden muß.

Im Unterschied zu den bisher gebauten Meridianweisern sind die Kreiseltheodolite in Gewicht und Abmessung wesentlich kleiner. Das Fehlen der Flüssigkeitsentlastung der Kreiselkugel führt jedoch andererseits zu einem gewissen Mehraufwand beim Meßverfahren, da außer der Bestimmung der Bandnullage bei nicht laufendem Kreisel das wesentlich stärkere Drehmoment des Bandgehänges in seinem Einfluß auf die Weisung durch fortlaufendes Nachdrehen von Hand beseitigt werden muß.

Die nach 1957 über den Vermessungskreisel veröffentlichten Untersuchungen [9], [13], [27], [42] und [64] lassen erkennen, daß die zur Zeit laufenden Entwicklungsarbeiten vornehmlich wirtschaftlichen Gesichtspunkten, dagegen weniger einer weiteren Steigerung der Meßgenauigkeit dienen. Angestrebt wird eine merkliche Verminderung des Aufwandes an Zeit sowohl hinsichtlich der reinen Meßzeit als auch der Rüstzeit für An- und Abtransport, Hochlauf und Bremsung sowie eine Verkleinerung des Geräteumfanges, des Gewichtes und des Zubehörs (Batterien). Man hofft, hierdurch eine Sicherung der Meßergebnisse zu erreichen, weil die Anzahl der Messungen je Beobachtungsstandpunkt vergrößert werden kann.

Die folgende Tab. 4 gibt in Anlehnung an eine Darstellung von K. H. Stier [61]
einen Überblick über alle von 1949 bis 1960 erprobten Meridianweiser und Kreiseltheodolite.

*b) Der Zusammenhang zwischen Azimuten aus Kreiselmessungen und Richtungs-
winkeln der Landesaufnahme*

Auf Grund der von K. H. Stier [60] ausführlich beschriebenen Arbeitsweise
eines Vermessungskreisels ist festzustellen, daß mit Meridianweisern Azimute
beobachtet werden. Bei einem Vergleich dieser Azimute mit Richtungswinkeln
der Landesaufnahme ist folgendes zu beachten.

1. Die an der Erdoberfläche gemessenen Kreiselazimute sind auf die den geo-
   dätischen Rechnungen zugrunde liegende Bezugsfläche (in Deutschland das
   Bessel-Ellipsoid) zurückzuführen. Dies geschieht durch Berücksichtigung der
   Lotabweichungskomponenten im Beobachtungsstandpunkt. Da die genauen
   Beträge der Lotabweichungskomponenten nur für wenige Punkte des Reichs-
   dreiecksnetzes bekannt sind, ist ihre Ermittlung nur näherungsweise mit Hilfe
   der von H. Wolf veröffentlichten Tafeln möglich [67]. Unter Benutzung dieser
   Tafeln (Anlage 4) und der Laplaceschen Gleichung erhält man sodann aus dem
   Kreiselazimut das ellipsoidische Azimut

$$A = a - (\lambda - L) \cdot \sin \varphi$$

Es bedeuten:

A = ellipsoidisches Azimut,

a = Kreiselazimut,

$(\lambda - L)$ = Lotabweichungskomponente Ost-West

φ = astronomisch bestimmte geographische Breite.

Im Bereich des rheinisch-westfälischen Steinkohlenbezirkes, also zwischen den
Längen L = 6° 30′ und 8° sowie den Breiten B = 51° 20′ und 51° 45′, nimmt
die Ost-West-Komponente der Lotabweichungen $(\lambda - L)$ nach Wolf [67]
von $- 18^{cc}$ im Westen auf $- 4,5^{cc}$ im Osten ab.

2. Durch Berücksichtigung der Meridiankonvergenz γ wird das ellipsoidische
   Azimut A in das Gauß-Krüger-Netz eingeordnet.

$\alpha = A \pm \gamma$; α = Richtungswinkel im Gauß-Krüger-Netz

Die Meridiankonvergenz ist zuzuzählen, wenn der Beobachtungsstandpunkt
westlich des Mittelmeridians L (im rheinisch-westfälischen Industriegebiet
= 6°) liegt; sie ist abzuziehen, wenn der Standpunkt östlich gelegen ist. Da
markscheiderische Anschlußmessungen nur selten über den Rahmen der

Tab. 4   *Technische Angaben der Meridianweisergeräte MW 1, MW 2, MW 3, MW 4 und MW 4a sowie des Kreiseltheodolits KT 1*

Gerät und Einführungsjahr	Genauigkeit einer Messung cc	Dauer h	Gewicht der Instrumente (einschl. Theodolit) kg	Energieversorgung — Übertage	kg	Energieversorgung — Untertage	kg	Theodolit Art und Aufstellung	Zubehör	kg
MW 1 1949	± 200	3…5	80 (84)	Gleichrichter, Anlasser, Umformer, Kupplung, Kabel,	191	Turbogenerator, Luftschlauch, Kabeltrommel	205	Lose Aufstellung	Kühleinrichtung, bei Bedarf zusätzlich Übertage: Heizkörper, Schutzzelt · Stativ, Transportgestell, Werkzeugkoffer, Handbuchmappe	114,5
MW 2 1950	± 79	2…4	91 (96)					Fester Anbau		27,0
MW 3 1955	± 68	2…3	89 (96)	Netzgerät mit Gleichrichter, Umformer, 2 Kabeltrommeln, Kupplung	211			Fest angebauter Theodolit mit Hohlachse, exzentrischem Fernrohr und Autokollimationseinrichtung		
MW 4 1957	± 60	1…2	60 (73)	Röhrengenerator, 2 Kabeltrommeln, Kupplung	104					93
MW 4a 1959	± 18	1…2	72** (79)	Ni-Cd-Batterie 24 V/12 A			30			
KT 1 1958	± 60*	½…1	14 (18)	Bleibatterie, Transistorgenerator			28	Aufgesteckter Theodolit mit eingebautem Autokollimationsrohr		21,5

(Energieversorgung Übertage = Wechselstromnetz; Untertage = Druckluftnetz)

* Wert noch nicht statistisch belegt
** Einschließlich Transistorgenerator

II. Ordnung hinausgehen, wird es in den meisten Fällen genügen, wenn die Berechnung der Meridiankonvergenz γ unter Benutzung der ellipsoidisch geographischen Koordinaten L und B erfolgt [49].

$$\gamma = \sin B \cdot L + \frac{\text{Mod}}{3\rho^2} \cdot L^2 \cdot \cos^2 B$$

3. Bei längeren Sichten und größeren Entfernungen der Beobachtungsstandpunkte vom Bezugsmeridian muß geprüft werden, ob noch zusätzlich die Richtungsreduktion des gewählten Bezugsnetzes zu berücksichtigen ist. Für die Gauß-konforme und Cassini-Soldnersche Projektion gilt

$$\alpha_0 = \alpha - d\alpha \,,$$

worin α den sphärischen, α_0 den ebenen Richtungswinkel und $d\alpha$ die entsprechende Richtungsverbesserung bezeichnen [49].

Damit wäre das unabhängige Kreiselazimut a endgültig in einen ebenen Richtungswinkel α_0 überführt, so daß nunmehr – unter der Voraussetzung gleicher Stand- und Zielpunkte – zwischen den Richtungen der Landesaufnahme und solchen aus Kreiselmessungen die Laplacesche Bedingung erfüllt sein müßte. Diese lautet in Abwandlung auf die hier vorliegende Aufgabe:

reduziertes Kreiselazimut — Richtungswinkel der Landesaufnahme = 0

In der Praxis zeigen sich jedoch beim Vergleich solcher Winkelwerte oft Widersprüche, die auf verschiedene Ursachen zurückgeführt werden können, wobei die von K. LEDERSTEGER aufgezeigten Einschränkungen der Gültigkeit der Laplaceschen Gleichung bereits als erfüllt vorausgesetzt werden [36]. Da es im allgemeinen nicht möglich ist, die Einwirkungen der verschiedenen Faktoren dieses Widerspruches im einzelnen zahlenmäßig auseinanderzuhalten, können in der folgenden Übersicht nur die in Betracht kommenden Fehlerursachen aufgeführt werden [38].

1. Eine geringfügige fehlerhafte Orientierung des Landesnetzes und Lotabweichungen im Zentralpunkt,
2. Fehlerhäufungen bei der Übertragung des Ausgangsazimutes im Hauptdreiecksnetz und in den Folgenetzen,
3. Verwendung von B statt φ in der Laplaceschen Gleichung,
4. Entnahmegenauigkeit der geographisch ellipsoidischen Koordinaten B und L aus Kartenwerken zur Berechnung der Meridiankonvergenz und Lotabweichung,
5. Lageunsicherheit der trigonometrischen Punkte im Netz der Landesaufnahme und
6. Messungsfehler der Meridianweiserbestimmung.

Allgemein gilt, daß Fehler in der astronomischen Bestimmung des Azimutes der Ausgangsseite eines Landesnetzes zu einer Netzverschwenkung führen. Fehler in der astronomischen Breiten- und Längenbestimmung des Zentralpunktes rufen eine Parallelverschiebung des Punktnetzes in bezug auf die festgesetzten Koordinatenachsen hervor. In gleicher Weise wirken auch Lotabweichungen im Zentralpunkt.

Für das Reichsdreiecksnetz ist 1917 eine Orientierungsverschwenkung von + 5,46^{cc} gegen Osten gegenüber dem astronomischen Meridian festgestellt worden [49]. Die Abweichungen zwischen den geodätischen und astronomischen Breiten und Längen des Zentralpunktes »Helmertturm« (Lotabweichungskomponenten) betragen

in der Breite + 2,56^{cc}

in der Länge + 1,77^{cc}

Infolge einer Neuausgleichung der Verbindungskette Berlin–Schubin, aus der die geographischen Koordinaten des »Helmertturmes« sowie das Ausgangsazimut nach dem Punkt I. O. GOLMBERG ermittelt sind, änderten sich die Orientierungsverschwenkung auf + 4,26^{cc} und die Lotabweichungen auf + 2,58^{cc} in der Breite und + 1,71^{cc} in der Länge [34], [35].

In einer Untersuchung über die Orientierung des Reichsdreiecksnetzes östlich der Elbe, in die K. LEDERSTEGER 25 Laplacesche Punkte einbezog, ergaben sich folgende Abweichungen für den »Helmertturm«: im Azimut + 4,14^{cc}, in der Breite — 6,27^{cc} und in der Länge — 5,22^{cc} [34]. Auf Grund dieser Angaben muß infolge eines fehlerhaften Ausgangsazimutes und von Lotabweichungen im Zentralpunkt für das Reichsdreiecksnetz eine Orientierungsverschwenkung von + 4^{cc} bis + 5^{cc} angenommen werden.

Wie G. FÖRSTER und G. SCHÜTZ nachweisen konnten [14], sind Fehler in der Richtungsübertragung im Hauptnetz vor allem auf Seitenrefraktionen zurückzuführen, die in ihrem Gesamtbetrag größer sein können als die Orientierungsfehler im Zentralpunkt. Durch Einführung von Zwangsanschlüssen und Berücksichtigung von Grundlinienmessungen kann zwar ein Teil der durch Seitenrefraktionen bewirkten Netzverbiegungen wieder beseitigt werden. Durchgreifende Abhilfe ist jedoch nur dann gegeben, wenn man in die Ketten- oder Netzausgleichung eine genügende Anzahl Laplacescher Punkte aufnimmt, wodurch die Kette in die refraktionsfreie Lage gezwungen wird. Da die Preußische Landesaufnahme die Lagebestimmungen von Dreieckspunkten stets unter Auslassung von Laplace-Azimuten ausgeführt hat, sind auch im sogenannten »Schreiberschen Westen« trotz der entzerrend wirkenden vielen Grundlinienmessungen im Verein mit den zahlreichen Zwangsanschlüssen der verschiedenen Ketten Refraktionseinflüsse nachweisbar. Aus G. FÖRSTER und G. SCHÜTZ [14, Abb. 13] geht hervor, daß im Gebiet des rheinisch-westfälischen Steinkohlenbezirkes mit einer Netzverschwenkung von 3^{cc} nach Süden auf Grund eines großen, gleichartigen Refraktionsfeldes gerechnet werden muß. Hierbei ist anzunehmen, daß dieser Betrag einheitlich für das gesamte Gebiet gilt.

Infolge der Netzverdichtung bis in die niederen Ordnungen sind weitere Netzverbiegungen möglich, die einerseits auf unvermeidbare Messungsfehler, zum anderen auf Refraktionseinflüsse zurückzuführen sind. Dabei kommt diesen kleinen, örtlichen Refraktionsfeldern eine wesentlich größere Bedeutung als den großflächigen zu. Im Vergleich zu den großflächigen Feldern haben kleinere Felder jedoch meist den Vorteil, daß sie einem tageszeitlichen Wechsel unterliegen. Ihr Einfluß auf die Meßgenauigkeit ist daher oft nur zufälliger Art, so daß eine etwa vorhandene einseitige Wirkung durch Beobachtungen zu verschiedenen Tageszeiten oder an mehreren Tagen herabgemindert werden kann. Kleinere Refraktionsfelder treten besonders häufig in Gebieten mit rasch wechselnder Luftdichte auf. Mit ihrem Vorhandensein muß daher vornehmlich in Industriebezirken gerechnet werden.

Da einwandfreie Beobachtungswerte von φ und λ zur Berechnung der Laplaceschen Gleichung nur für wenige Punkte vorliegen, werden häufig statt der astronomisch bestimmten die geodätisch übertragenen, ellipsoidischen Werte benutzt. Auf Grund von Lotabweichungen und der in der geodätischen Übertragung beruhenden Fehlerhäufung, können z. B. unter Umständen zwischen φ und B erhebliche Unterschiede auftreten.

Die zur Berechnung der Meridiankonvergenz notwendigen ellipsoidisch geographischen Koordinaten B und L werden, sofern die Kreiselmessungen nicht auf trigonometrischen Punkten des Reichsdreiecksnetzes stattfinden, der Einfachheit halber aus dem Meßtischblatt entnommen. Dabei beträgt die Entnahmegenauigkeit von B und L unter Anwendung einiger Sorgfalt ungefähr $\pm 1^{cc}$. Die Genauigkeit der Entnahme aus der Karte 1:100000 liegt bei $\pm 10^{cc}$.

Schließlich ist noch die Lageunsicherheit der zum Richtungsanschluß benutzten trigonometrischen Punkte zu nennen, die in Gebieten mit Einwirkungen durch den Bergbau auf die Tagesoberfläche besonders groß sein kann (S. 12). Erfolgt die Kreiselmessung nicht unmittelbar auf den trigonometrischen Punkten selbst, so kommt zusätzlich noch der Übertragungsfehler der Anschlußmessung hinzu. Aus diesen Hinweisen geht hervor, daß es bei der Genauigkeit, mit der Meridianweisermessungen heute ausgeführt werden, nicht mehr genügt, die Kreiselazimute allein durch Berücksichtigung der Meridiankonvergenz zu verbessern, wie dies bislang geschah. Man wird vielmehr in Zukunft auch die Einflüsse der Lotabweichungen und der Orientierungsverschwenkung des Hauptnetzes berücksichtigen müssen.

c) Mittlerer Fehler einer Richtungsangabe mit dem Meridianweisergerät MW 4a

Die Genauigkeit einer Richtungsangabe mit dem Meridianweiser ist abhängig von

1. der Leistung des Meridianweisers,
2. der Güte des zur Umkehrlagenbestimmung und Richtungsübertragung benutzten Theodolits und
3. den gegebenen Meßbedingungen.

Seit Fertigstellung des Meridianweisergerätes MW 4a im April 1959 hat die Kreiselmeßstelle in der Abteilung Markscheidewesen der Westfälischen Berggewerkschaftskasse in Bochum mit diesem Instrument bis zum Juni 1961 zahlreiche Messungen durchgeführt; sie erfolgten sowohl unter Prüfstand- als auch unter teilweise schwierigen Einsatzbedingungen bei über- und untertägigen Richtungsbestimmungen auf Schachtanlagen verschiedener Bergbaubezirke. Die Ergebnisse dieser Messungen werden nachfolgend untersucht.

Prüfstandmessungen

Die Ergebnisse der jeweils in den Pausen zwischen den laufenden Einsatzmessungen auf dem Prüfstand der Kreiselmeßstelle in Bochum mit dem Gerät MW 4a durchgeführten Wiederholungsmessungen zeigen die Abb. 1a und b. In ihnen sind die Abweichungen von insgesamt 73 Einzelmessungen vom jeweiligen Mittelwert einer Beobachtungsgruppe, die durch Geräteüberholungen bedingt sind, dargestellt. Bei diesen Geräteüberholungen werden die Tragflüssigkeit der Kreiselkugel nachgefüllt oder erneuert, die elektrischen Kontaktflächen gereinigt und die Bandnullage neu bestimmt. Da im Oktober 1960 zusätzlich zu den zuvor angeführten Arbeiten auch der zur Richtungsübertragung dienende Theodolit überprüft, ein Kippachsenfehler beseitigt und das Instrument insgesamt nachjustiert wurde, sind in den Abb. 1a und b nur die vom Oktober 1960 bis Juni 1961 vor-

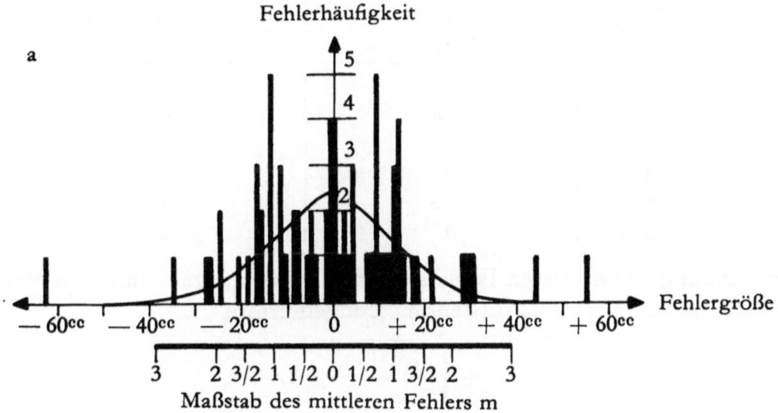

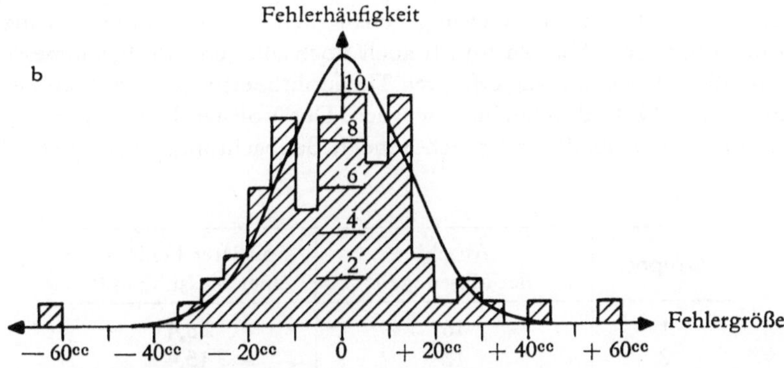

Abb. 1a und b   Prüfstandmessungen mit dem Meridianweisergerät MW 4a
im Zeitraum Oktober 1960 bis Juni 1961
Anzahl der Messungen: n = 73
Mittlerer Fehler einer Richtungsangabe: M = ± 12,4cc
Nach Unterlagen der Abteilung Markscheidewesen der Westfälischen
Berggewerkschaftskasse

genommenen Prüfstandmessungen ausgewertet worden. Die Ordinate gibt die Fehlerhäufigkeit an, während auf der Abszisse fortlaufend von Neusekunde zu Neusekunde die Fehlergrößen aufgetragen sind. Um aus der gegebenen, lückenhaften Häufigkeitsverteilung die vermutliche Form der Gesamtverteilung besser sichtbar zu machen, sind in Abb. 1b die einzelnen Fehlerbeträge in Gruppen von je 5^{cc} zusammengefaßt und als Säulen dargestellt. Die eingezeichneten flächengleichen Gaußschen Glockenkurven zeigen – besonders im Falle b der Darstellung – die Erfüllung der Zufälligkeitsverteilung.

Wie bereits erwähnt wurde, umfassen die 73 Prüfstandmessungen Meßwerte verschiedener Beobachtungsgruppen. Das Ergebnis einer Genauigkeitsuntersuchung der einzelnen Gruppen zeigt die Tab. 5.

Tab. 5

Gruppe	Anzahl der Messungen	mittlerer Fehler m einer Messung in ^{cc}
1	18	14,8
2	4	9,9
3	8	15,4
4	23	8,2
5	3	12,1
6	17	12,2

Die Berechnung des mittleren Fehlers einer Richtungsangabe mit dem Meridianweiser MW 4a aus allen 73 Prüfstandmessungen ergibt

$$M = \pm \sqrt{\frac{[m^2]}{n}} = \pm 12{,}4^{cc}.$$

Um den Einfluß des zur Umkehrlagenbestimmung und Richtungsübertragung dienenden Theodolits auf die Weisungsgenauigkeit besser kenntlich zu machen, sind in der folgenden Abb. 2a und b auch noch alle jene Prüfstandmessungen dargestellt, die vor der einmalig erfolgten Theodolitüberprüfung im Oktober 1960 mit dem Gerät MW 4a durchgeführt wurden. Der Vollständigkeit wegen sind in der Tab. 6 die zur Abb. 2a und b gehörenden Beobachtungsgruppen angeführt.

Tab. 6

Gruppe	Anzahl der Messungen	mittlerer Fehler m einer Messung in ^{cc}
1	16	25,4
2	12	15,4
3	14	31,0
4	10	38,8
5	4	26,9
6	10	41,8
7	8	47,7
8	20	33,9

Aus den Werten der Tab. 6 errechnet sich der mittlere Fehler einer Richtungsangabe für den Zeitabschnitt vom April 1959 bis zum Oktober 1960 für den Meridianweiser 4a zu M = ± 34^{cc}.

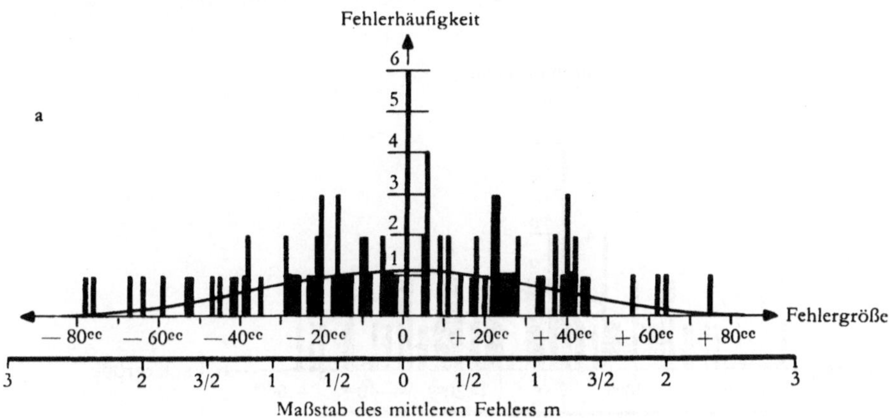

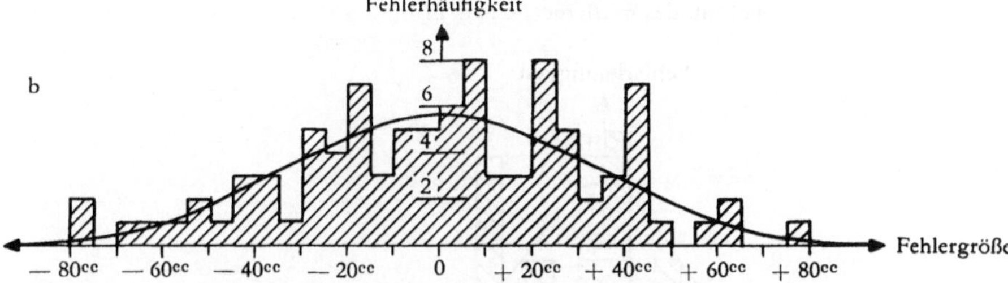

Abb. 2a und b   Prüfstandmessungen mit dem Meridianweisergerät MW 4a
im Zeitraum April 1959 bis Oktober 1960
Anzahl der Messungen: n = 94
Mittlerer Fehler einer Richtungsangabe: M = ± 34^{cc}
Nach Unterlagen der Abteilung Markscheidewesen der Westfälischen
Berggewerkschaftskasse

Messungen auf Schachtanlagen

Vom April 1959 bis Juni 1961 führte die Kreiselmeßstelle auf verschiedenen Schachtanlagen des Ruhrgebietes 76 Doppelmessungen unter Tage durch, die so angelegt waren, daß die jeweiligen Richtungsangaben entweder durch zweimalige Aufstellung auf demselben Punkt oder durch Richtungs- und Gegenrichtungsmessung gesichert wurden. Die Beobachtungsunterschiede zwischen den einzelnen Doppelmessungen sind in der Abb. 3a und b dargestellt, und zwar in gleicher Weise wie in den Abb. 1a und b sowie 2a und b. Aus diesen Doppelmessungen ergibt sich der mittlere Richtungsfehler einer Einzelbestimmung zu

$$m = \pm \sqrt{\frac{[dd]}{2n}} = \pm 16{,}8^{cc} \cong \pm 17^{cc}$$

und des aus beiden Beobachtungen gemittelten Wertes

$$M = \pm \frac{m}{\sqrt{2}} = \pm\,12^{cc}.$$

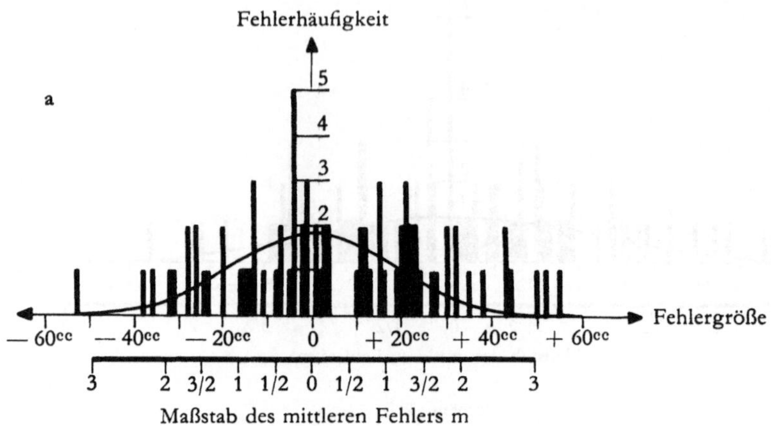

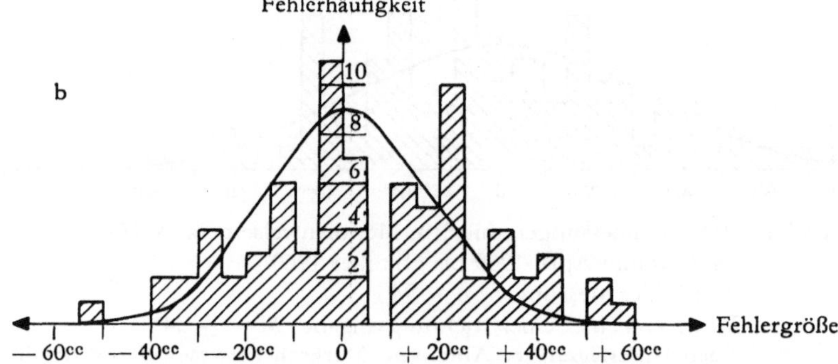

Abb. 3a und b   Doppelmessungen mit dem Meridianweisergerät MW 4a
im Zeitraum April 1959 bis Juni 1961
Anzahl der Messungen: n = 76
Mittlerer Fehler einer Richtungsangabe: m = ± 16,8cc
Nach Unterlagen der Abteilung Markscheidewesen der Westfälischen
Berggewerkschaftskasse

Hinsichtlich der Beständigkeit der Meridianweisermessungen zeigen die in den
Abb. 1, 2 und 3a und b dargestellten Häufigkeitsverteilungen im Vergleich zu
den entsprechenden Glockenkurven, daß die untersuchten Meßergebnisse das
Gesetz der Zufälligkeitsverteilung erfüllen. Es ist zu erwarten, daß das Fehlen
von Beobachtungswerten im Bereich der Fehlergrößen + 5cc bis 10cc bei den
Doppelmessungen (Abb. 3b) mit Zunahme der Gesamtzahl der Doppelmessungen
zurückgehen wird.

Auf Grund der zuvor erläuterten Untersuchungsergebnisse ist zusammenfassend festzustellen, daß der mittlere Fehler einer einmaligen Richtungsangabe $m_{R(M)}$ mit dem Meridianweisergerät MW 4a unter Betriebsbedingungen gegenwärtig $\pm\, 17^{cc}$ beträgt.

d) *Mittlerer Querfehler* $m_{q(M)}$ *der Zugmitte*

Für den mittleren Querfehler $m_{q(M)}$ in gestreckten, beiderseitig angeschlossenen Meridianweiserzügen ist für die Zugmitte eines einmal gemessenen Zuges [19]

$$m_{q(M)} = \pm\, \frac{m_{R(M)}}{2 \cdot \rho} \sqrt{L \cdot s},$$

worin

$m_{R(M)}$ den mittleren Richtungsfehler der Meridianweisermessung,

$L = s \cdot (n - 1);$ $\quad$ L die Gesamtzuglänge,

$\quad$ s die durchschnittliche Länge einer Polygonseite und

$\quad$ n die Anzahl der Polygonpunkte einschließlich Anfangs- und Endpunkt bedeuten.

Bei einer Zuglänge von $L = 30$ km und $s = 1, 2, 3, 4$ und 5 km sowie $m_{R(M)} = \pm\, 17^{cc}$ bei einer einmaligen, $m_{R(M)} = \pm\, 12^{cc}$ bei zweimaliger und $m_{R(M)} = \pm\, 8^{cc}$ bei viermaliger Richtungsangabe zeigt die nachfolgende Zahlentafel 7 den mittleren Querfehler der Zugmitte für verschiedene Seitenlängen.

Tab. 7

Gesamtzuglänge L = 30 km						
s	1	2	3	4	5	km
$m_{q(M)}$ $\qquad$ n	31	16	11	9	7	
$m_{R(M)} = \pm\, 17^{cc}$	0,073	0,103	0,127	0,146	0,163	
$m_{R(M)} = \pm\, 12^{cc}$	0,052	0,073	0,089	0,103	0,115	$m_{q(M)}$ in Metern
$m_{R(M)} = \pm\, 8^{cc}$	0,034	0,049	0,060	0,069	0,077	

3. Vergleich der mittleren Querfehler

In der folgenden Abb. 4 sind die Tab. 3 und 7 (S. 18 und 29) graphisch zusammengefaßt. Zunächst ist festzustellen, daß eine Genauigkeitssteigerung hinsichtlich der Größe des Querfehlers beim Polygonzug durch lange Seiten möglich ist.
Beim Meridianweiserzug ist es dagegen zweckmäßig, die Seiten kurz zu wählen. Wird der mittlere Winkelfehler des Polygonzuges zu $m_T = \pm\, 3^{cc}$ angenommen, so liegt auf der Hand, und dies zeigt auch Abb. 4, daß bei längeren Zugseiten ($s > 3$ km) die Polygonzüge mit gemessenen Brechungswinkeln gegenwärtig den Meridianweiserzügen überlegen sind.

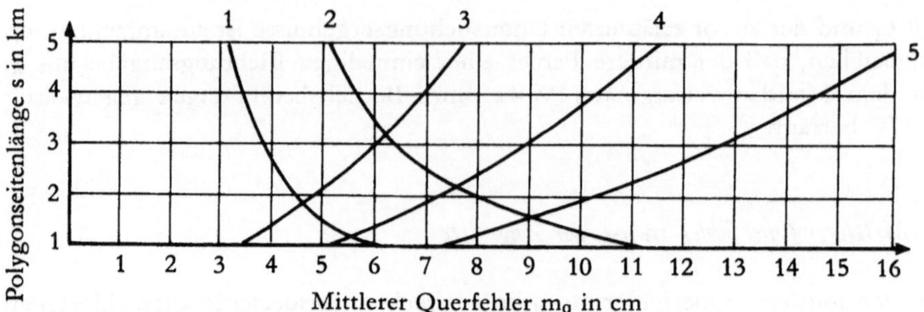

Polygonzug 1 beidseitig nach Koordinaten und Richtungen angeschlossen, $m_T = \pm 3^{cc}$

2 beidseitig nach Koordinaten angeschlossen, aber ohne Richtungsabschluß, $m_T = \pm 3^{cc}$

Meridianweiserzug
beidseitig nach Koordinaten
angeschlossen

3 mit viermaliger Richtungsangabe je Zugseite, $m_{R(M)} = \pm \ 8^{cc}$

4 mit zweimaliger Richtungsangabe je Zugseite, $m_{R(M)} = \pm 12^{cc}$

5 mit einmaliger Richtungsangabe je Zugseite, $m_{R(M)} = \pm 17^{cc}$

Abb. 4 Mittlerer Querfehler $m_{q(PM)}$ der Zugmitte aus gestreckten Meridianweiserzügen und Polygonzügen mit gemessenen Brechungswinkeln bei einer Gesamtzuglänge $L = 30$ km

C. Ergebnisse praktischer Messungen

1. Richtungszug

Es ist ein 38 km langer, gestreckter Richtungszug im Oktober/November 1960 sowohl mit dem Meridianweiser als auch mit dem Theodolit ausgeführt worden (Anlage 5). Die Ergebnisse dieser Messungen sind in Tab. 8 einander gegenübergestellt. Der Polygonzug wurde mit einem Theo 010, der Meridianweiserzug mit einem Gerät MW 3c beobachtet. Im Unterschied zu dem bisher näher untersuchten Instrument MW 4a war bei dem Gerät MW 3c der 50^{cc}-Theodolit durch einen Sekundentheodolit ersetzt worden. Der kreiseltechnische Teil blieb unverändert und entsprach somit demjenigen des Meridianweisers MW 4a.
An den Ergebnissen der Tab. 8, S. 32, treten die Unterschiede zwischen den aus Meridianweisermessungen gewonnenen Richtungen der nördlichen und südlichen Anschlußseite und denen der Landesaufnahme ($+ 14^{cc}$ und $+ 80^{cc}$) hervor (s. Zeile 4). Der verhältnismäßig große Unterschied der südlichen Anschlußseite von $+ 80^{cc}$ konnte bisher nicht einwandfrei erklärt werden. In Zeile 7 der Tab. 8 sind sämtliche Widersprüche positiv ausgefallen. Für die Polygonseite 1 des Zuges ($B = 51° 42'$ und $L = 7° 16'$) beträgt die Richtungsverbesserung infolge Lotabweichung gemäß Anlage 4 etwa $- 3,6'' = - 11^{cc}$. Nach Berücksichtigung der Lotabweichung besteht somit für die Seite 1 nur noch ein sehr geringer Unterschied von $+ 3^{cc}$. Die Verbesserung aller Meridianweiserrichtungen durch die entsprechenden Lotabweichungen (Anlage 4) erbringt im Vergleich zu den Werten der Landesaufnahme die verhältnismäßig kleinen Unterschiede der Zeile 8, wobei der Wert $+ 33^{cc}$ der Zugseite 4 ebenfalls noch nicht geklärt werden konnte. Das Verbleiben der positiven Vorzeichen kann als Bestätigung der von G. Förster und G. Schütz [14] festgestellten einseitigen Netzverschwenkung angesehen werden (S. 23), wonach im rheinisch-westfälischen Steinkohlenbezirk mit einer Netzverdrehung nach Süden infolge großer, gleichartiger Refraktionsfelder gerechnet werden muß. Im gleichen Sinne wirkt auch die auf S. 23 erwähnte Orientierungsverschwenkung des Reichsdreiecksnetzes.

2. Doppelpunkteinschaltung

Auf Grund einer im Zusammenhang mit dieser Arbeit im Oktober 1960 im westlichen Stadtteil von Bochum durchgeführten Doppelpunkteinschaltung ist die Richtung der ermittelten Neupunktlinie aus den durch Anschluß an die Landesaufnahme gewonnenen Punktkoordinaten berechnet und das hieraus abgeleitete

Tab. 8

Zeile		Zugseite 1	Zugseite 2	Zugseite 3	Zugseite 4	Zugseite 5
1	Brechungswinkel, gemessen mit Theo 010	$172{,}2205^g \pm 4^{cc}$	$204{,}4613^g \pm 2^{cc}$	$185{,}9881^g \pm 4^{cc}$	$213{,}0854^g \pm 3^{cc}$	
2	Ebene Richtungen der An- und Abschlußseiten, berechnet aus Koordinaten der Landesaufnahme Sphärische Verbesserung Sphärische Richtungen	$16{,}8945^g$ $+\quad 5^{cc}$ $16{,}8950^g$				$192{,}6544^g$ $+\quad 4^{cc}$ $192{,}6548^g$
3	Astronomisch sphär. Richtungen aus Meridianweisermessungen	$16{,}8936^g \pm 8^{cc}$	$189{,}1124^g \pm 19^{cc}$	$193{,}5736^g \pm 14^{cc}$	$179{,}5587^g \pm 14^{cc}$	$192{,}6468^g \pm 12^{cc}$
4	Zeile 2 minus Zeile 3	$+ 14^{cc}$				$+ 80^{cc}$
5	Sphärische Richtungswinkel, bezogen auf Seite 1 (Polygonzug)	$16{,}8950^g$	$189{,}1155^g$	$193{,}5768^g$	$179{,}5649^g$	$192{,}6503^g$
6	Astronomisch sphär. Richtungswinkel, bezogen auf Seite 1 (Meridianweiserzug)	$16{,}8950^g$	$189{,}1138$	$193{,}5750^g$	$179{,}5604^g$	$192{,}6482^g$
7	Zeile 5 minus Zeile 6	–	$+ 17^{cc}$	$+ 18^{cc}$	$+ 45^{cc}$	$+ 21^{cc}$
8	Wie Zeile 7 einschl. Berücksichtigung der Lotabweichungen gemäß Anlage 4	$+ 3^{cc}$	$+ 6^{cc}$	$+ 7^{cc}$	$+ 33^{cc}$	$+ 7^{cc}$

Azimut mit den Ergebnissen mehrmaliger Meridianweisermessungen auf derselben Linie verglichen worden. Das Netz der Doppelpunkteinschaltung zeigt Abb. 5.

Die Beobachtungen wurden mit einem Wild-T_2-Instrument durchgeführt. Die Ausgleichung der Doppelpunkteinschaltung erbringt für den westlichen Neupunkt Wetterschacht Eppendorf einen mittleren Punktfehler von

$$m_x = \pm\, 0{,}048 \text{ m und}$$
$$m_y = \pm\, 0{,}028 \text{ m}$$

und für den östlichen Neupunkt Rathaus Bochum

$$m_x = \pm\, 0{,}033 \text{ m und}$$
$$m_y = \pm\, 0{,}021 \text{ m.}$$

Die aus den Koordinaten der Neupunkte gewonnene Richtung der Seite Wetterschacht Eppendorf zum Rathaus Bochum beträgt

$$\alpha_{WE}^{R} = 49{,}6966^g$$

mit einem mittleren Richtungsfehler von $\pm\, 6^{cc}$. In der Übersicht der Tab. 9 sind die Ergebnisse der Richtungsmessungen aus Meridianweiserbeobachtungen und aus der Doppelpunkteinschaltung einander gegenübergestellt.

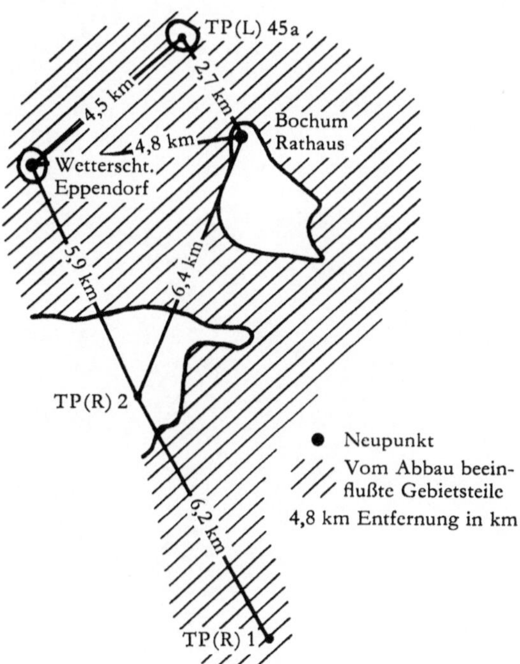

Abb. 5   Doppelpunkteinschaltung

Tab. 9

	Meridianweisermessung	Doppelpunkteinschaltung
Richtung der Neupunktlinie	49,6971^g 49,6973^g 49,6952^g 49,6963^g 49,6957^g	49,6966^g
Mittel:	49,6963^g	
Mittlerer Richtungsfehler der Neupunktlinie	$m_R = \pm\, 8{,}9^{cc}$	$m_R = \pm\, 6^{cc}$

D. Mittlerer Längsfehler des Polygonzuges

1. Optische Streckenmeßverfahren

Von den drei wichtigsten Arten der optischen Streckenmessung

1. Streckenmessung mit Doppelbildentfernungsmessern,
2. Streckenmessung mit Theodolit und Basislatte,
3. Streckenmessung mit Distanzstrich- und Kurventachymetern

eignet sich nach O. v. GRUBER [19] vor allem das unter 2. genannte Verfahren zur Messung langer Polygonzüge. Die Genauigkeit dieses Verfahrens, die zwar gegenüber der optischen Streckenmessung mit Doppelbildentfernungsmessern geringer ist, kann jedoch bei längeren Strecken durch Unterteilung, besser noch durch Einschaltung einer oder mehrerer Hilfsgrundlinien wesentlich gesteigert werden. Der besondere Vorteil der indirekten Streckenmessung mit Theodolit und Basislatte liegt darin, daß die zu messende Strecke an sich beliebig lang gewählt werden kann, wodurch sich schnelle Arbeitsfortschritte und damit auch ein großes Maß an Wirtschaftlichkeit erzielen lassen.
Ferner liegt es nahe, durch Vergrößerung der Meßbasis entweder den Einfluß der Unsicherheit in der Bestimmung des parallaktischen Winkels zu verringern oder die zu messende Strecke innerhalb der zulässigen Genauigkeit zu vergrößern. Im Rahmen einer Sondertriangulation zum Nachweis von Erdkrustenbewegungen führte O. NIEMCZYK im Norden Islands mehrere Basismessungen mit einer 3-m-Invarband-Querlatte der Fa. ZEISS durch. Er erzielte hierbei trotz ungünstiger Arbeitsbedingungen für eine aus einem rhombischen Vergrößerungsnetz doppelt bestimmte Basis von 1200 m Länge eine relative Seitengenauigkeit von 1:40000. Durch Verkoppelung von zwei senkrecht aufeinander stehenden Basislängen in einem Diagonalviereck für 10 km lange Dreiecksseiten konnte die Genauigkeit sogar auf 1:71000 bis 1:106000 erhöht und eine scharfe Bestimmung der mittleren Winkel- und Basislängenfehler sichergestellt werden [47].
Die Abb. 107 und 170,1 in [19] lassen jedoch erkennen, daß die mit 2-m-Basislatten erzielbaren Streckenmeßgenauigkeiten auch unter Zuhilfenahme günstiger Vergrößerungsnetze den in der vorliegenden Aufgabe gestellten Anforderungen nicht genügen. Durch Erweiterung des Meßbasisnetzes nach O. NIEMCZYK ist es zwar möglich, die Genauigkeit wesentlich zu steigern. Man darf aber nicht vergessen, daß der seitliche Platzbedarf bei den erweiterten Netzen der optischen Längenmeßverfahren ihre Anwendung in dicht bebauten Gegenden sehr stark einschränkt und in vielen Fällen sogar unmöglich machen wird. Aus diesen Gründen sind optische Streckenmeßverfahren zur Bestimmung langer Polygonseiten in dicht bebauten Gegenden (s > 1 km) nur bedingt brauchbar.

2. Elektromagnetische Streckenmeßverfahren

a) Die Genauigkeit elektromagnetischer Meßverfahren

Die physikalischen Grundlagen der elektromagnetischen Streckenmessung sind als bekannt vorauszusetzen.

Die Genauigkeit der verschiedenen in der Praxis erprobten und angewendeten elektromagnetischen Längenmeßverfahren ist vor allem durch die Einflüsse folgender Fehler bestimmt [4], [37], [54], [63]:

1. Kleinster meßbarer Laufzeit- oder Phasenabschnitt der benutzten Welle,
2. Ablese- und Indexfehler und
3. Fehler der Längenmessung infolge von Frequenzschwankungen und atmosphärischen Einflüssen auf die Fortpflanzungsgeschwindigkeit der Wellen.

Die unter 1. und 2. genannten Fehleranteile sind in den Formeln (Tab. 11, S. 40) zu einem Wert zusammengefaßt und bilden hier das erste Fehlerglied. Da der Ablesefehler bei allen Instrumenten wesentlich kleiner ist als der kleinste meßbare Laufzeit- oder Phasenabschnitt, bestimmt letzterer allein diesen Fehleranteil, so daß von den zuvor unter 2. genannten Fehlereinflüssen allein der Indexfehler zu berücksichtigen ist. Als Indexfehler wird der Unterschied zwischen der elektrischen und mechanischen Gerätemitte bezeichnet. Da dieser Wert schwankt, muß er für jedes Gerätepaar gesondert bestimmt werden.

Die Beständigkeit der Meßfrequenz ist eine der wesentlichsten Voraussetzungen für die möglichst gleichmäßige und genaue Arbeitsweise der Instrumente, da die relative Genauigkeit der Längenmessung nicht die relative Genauigkeit der Frequenzmessung übersteigen kann. Die erwünschte Frequenzkonstanz läßt sich besonders gut durch Quarzsteuerung erreichen, wobei der Temperatureinfluß auf die Frequenzstabilität durch den Gebrauch von Thermostaten ausgeschaltet wird [63].

Da die Frequenzmessung selbst, also der Vergleich der unbekannten Meßfrequenz mit derjenigen eines Quarz-Normals oder einer von diesem abgeleiteten Frequenz auf $\pm 1:3 \cdot 10^6$ bis $\pm 1:2 \cdot 10^6$, möglich ist [26], muß dieser Wert als zweiter Fehleranteil der Genauigkeitsformeln (Tab. 11) erscheinen, zumal da alle anderen Faktoren des an dritter Stelle genannten Fehleranteils (S. 40) noch genauer bestimmbar sind.

Dies trifft auch für den Refraktionskoeffizienten n zu, der eine Funktion des jeweils auf der Meßstrecke herrschenden meteorologischen Zustandes ist. Die Notwendigkeit, n zu berücksichtigen, geht daraus hervor, daß schon kleinste Änderungen im Zustand der Atmosphäre die Ausbreitung der elektromagnetischen Wellen merkbar beeinflussen. Für die Fortpflanzungsgeschwindigkeit im Vakuum c_0 wird seit 1957 allgemein der Wert $c_0 = 299\,792{,}5$ km/sec benutzt, dessen Unsicherheit $\pm 0{,}4$ km/sec beträgt [37]. Hieraus folgt, daß auch der Refraktionskoeffizient n zumindest mit entsprechender Genauigkeit bestimmt werden muß, wenn die Fortpflanzungsgeschwindigkeit nicht verfälscht werden soll. Ferner ist die genaue Bestimmung des Refraktionskoeffizienten ebenfalls dann erforderlich, wenn Abweichungen des Zielstrahls von der geradlinigen Entfernung berücksichtigt werden sollen.

Der Refraktionskoeffizient n ist von der Luftdichte oder deren Komponenten Temperatur T, Druck p und Feuchtigkeit e sowie von der Wellenlänge abhängig. Da eine Änderung der Zahl n in Abhängigkeit von der Wellenlänge nur bei großen Frequenzänderungen feststellbar ist [4], kann dieser Einfluß unberücksichtigt bleiben, so daß nur noch zu klären ist, wie genau T, p und e zu ermitteln sind, um n mit einer Genauigkeit von wenigstens 2 bis $3 \cdot 10^{-6}$ zu bestimmen, ferner wie stark n durch Höhenänderungen beeinflußt wird.

Bei einer gut durchmischten Atmosphäre nimmt nach H. KLINGER [31] der Refraktionskoeffizient um $0{,}0039 \cdot 10^{-6}$ je m mit der Höhe ab. Dies besagt, daß bis zu einer Höhe von 700 bis 800 m die Änderung von n als Funktion der Höhe weniger als $3 \cdot 10^{-6}$ beträgt. Demgegenüber wurde in England eine Koeffizientenänderung von $1 \cdot 10^{-4}$ bis zu 1500 m und von $0{,}25 \cdot 10^{-4}$ oberhalb 1500 m Höhe gemessen [54]. Aus Refraktionsuntersuchungen in Verbindung mit Höhenmessungen ist bekannt, daß unter der Annahme einer parallelen Schichtung der Atmosphäre die Wellengeschwindigkeit etwa wie folgt abnimmt [20], [62].

Tab. 10

Höhe	Wellengeschwindigkeit bei 760 mm Hg und 18°C
9000 m	299 740 km/sec
6000 m	725 km/sec
3000 m	710 km/sec
Bodennähe	680 km/sec

Die angenommene Normalschichtung, d. h. der Erdoberfläche parallel gelagerte Luftschichten gleicher Dichte, wird jedoch besonders leicht in Bodennähe durch örtlich und zeitlich stark unterschiedliche kleinere Refraktionsfehler sehr häufig unterbrochen, so daß der sicheren Bestimmung der Refraktionskoeffizienten bei elektromagnetischen Entfernungsmeßverfahren eine besondere Bedeutung zukommt.

Die Güte der Bestimmung des Refraktionskoeffizienten ist eine Frage der Meßgenauigkeit der Temperatur, des Luftdrucks und der Luftfeuchtigkeit. Im einzelnen wirken sich Ungenauigkeiten in der Bestimmung der zuvor genannten drei Faktoren auf die Ausbreitungsgeschwindigkeit hochfrequenter Funkmeßwellen und somit auf die Entfernung s einer Strecke unter durchschnittlichen Bedingungen (Temperatur $= 20°C$, Luftdruck $= 760$ mm Hg und Dampfdruck $= 10$ mm Hg) wie folgt aus [10]:

1. Eine Unsicherheit in der Bestimmung der Lufttemperatur von 1°C beeinflußt die Genauigkeit der Entfernungsmessung auf $\pm 1{,}3 \cdot 10^{-6} \cdot s$.

2. Der Einfluß des Luftdrucks auf die Streckenmessung beträgt $\pm 0{,}4 \cdot 10^{-6} \cdot s$ je 1 mm Hg.

3. Eine ungenaue Ermittlung des Dampfdrucks von 0,2 mm Hg hat eine Unsicherheit von $\pm 1 \cdot 10^{-6} \cdot$ s der Entfernungsmessung zur Folge. Da der Dampfdruck gewöhnlich über den Temperaturunterschied zwischen einem Trocken- und Feuchtthermometer errechnet wird, führt eine unsichere Bestimmung dieses Unterschiedes von 0,5° C zu einer Ungenauigkeit der Streckenmessung von $\pm 4 \cdot 10^{-6} \cdot$ s.

Niederschläge wie Regen, Hagel, Schnee oder auch Nebel verfälschen den Refraktionskoeffizienten im allgemeinen nur um $1 \cdot 10^{-6}$ und weniger [37]. Daher führen Messungen, die während solcher Wetterverhältnisse vorgenommen werden, in keiner Weise zu zweitrangigen Ergebnissen.

b) Vergleich zwischen elektrooptischen und funkmeßtechnischen Streckenmeßgeräten

Nach eingehender Durchsicht des umfangreichen in- und ausländischen Schrifttums über elektromagnetische Entfernungsmeßgeräte (Schrifttumsverzeichnis) scheinen vor allem folgende Instrumente für einen Einsatz innerhalb der hier gestellten Aufgabe geeignet zu sein:

1. *Funkmeßtechnische Entfernungsmeßgeräte*

   a) TELLUROMETER – MRA-2
   b) ELECTROTAPE – DM-20 (ehemals MICRODIST)

2. *Elektrooptische Streckenmeßgeräte*

   a) GEODIMETER – NASM-3 und NASM-4

Weitere, in den letzten Jahren bekannt gewordene elektromagnetische Entfernungsmeßgeräte für terrestrische Vermessungsaufgaben sind das TERRAMETER [6], EM_c-Gerät [21] und das Radio-Geodimeter [40]. In den Fachzeitschriften der Union der Sozialistischen Sowjetrepubliken ist verschiedentlich über Entwicklungsarbeiten an elektrooptischen Entfernungsmessern, z.B. den Instrumenten SWW-1 [44], [65], DST-2 [43], GD-300 [68], GDM [52] sowie über einen großen elektrooptischen Distanzmesser des Zentralen Wissenschaftlichen Forschungsinstituts für Geodäsie, Aerophotogrammetrie und Kartographie in Moskau, berichtet worden [32]. Aus der Tschechoslowakei stammt das Gerät VUGTK [8].

Ein kennzeichnender Unterschied zwischen den zuvor unter 1. und 2. genannten Instrumenten besteht darin, daß bei den funkmeßtechnischen Geräten zum Ausmessen der Strecke elektrische Wellen eingesetzt werden, während elektrooptische Entfernungsmeßgeräte mit Lichtwellen arbeiten. Vergleicht man beide Meßverfahren miteinander, so ist folgendes festzustellen.
Ein wesentlicher Nachteil der elektrooptischen Verfahren ist ihre begrenzte Einsatzmöglichkeit während des Tages, da die Übertragung modulierter Lichtwellen zwischen den Meßstationen im Unterschied zu den elektrischen Zenti-

Geodimeter-NASM-3

 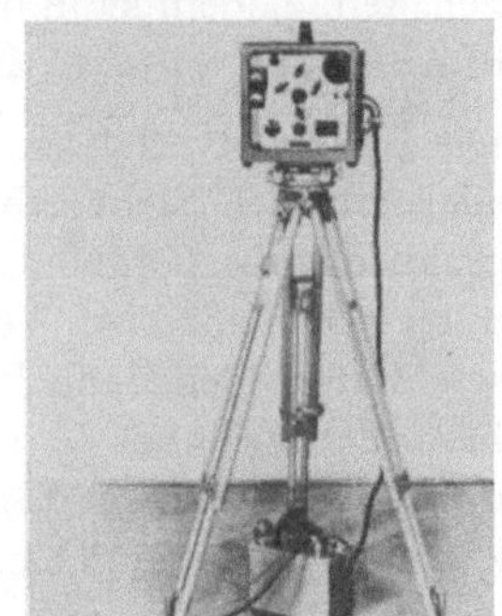

Geodimeter-NASM-4

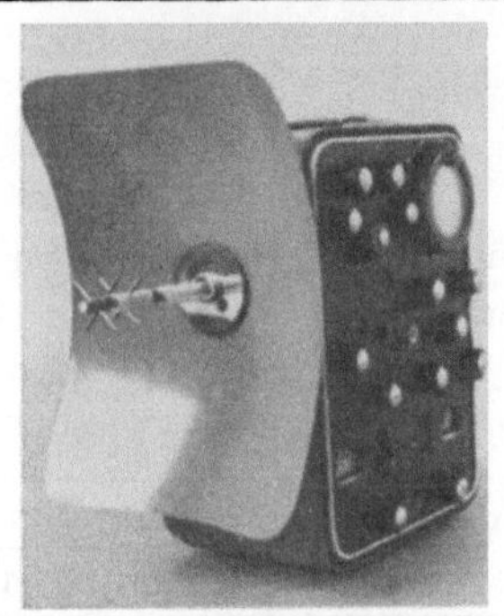 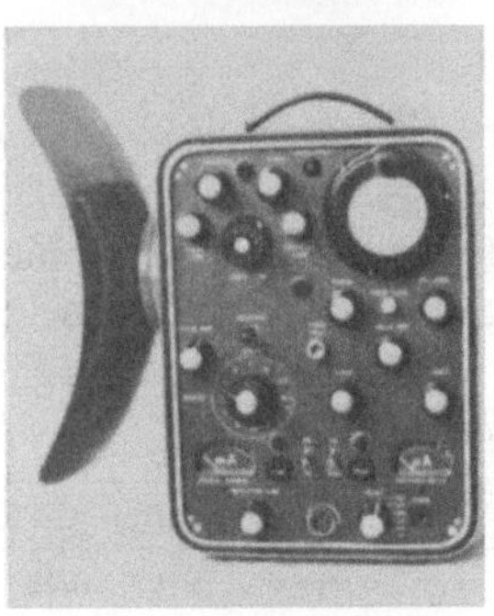

Tellurometer-MRA-2

 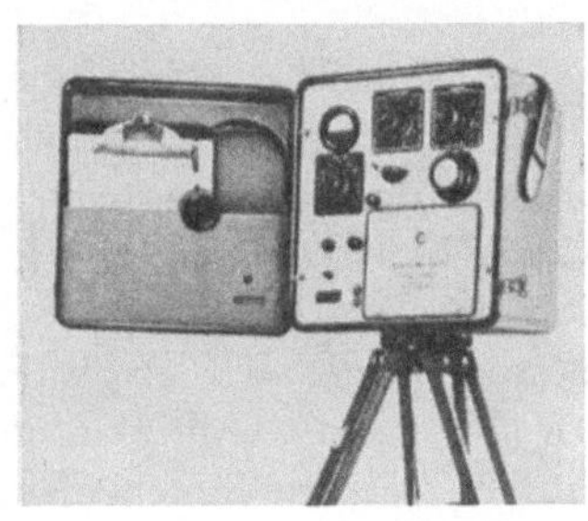

Electrotape-DM-20

meterwellen durch das Tageslicht stark beeinflußt wird [5]. Elektrooptische Instrumente arbeiten daher nur dann wirtschaftlich und genau, wenn gute bis sehr gute Sichtverhältnisse vorherrschen, wobei als Faustregel gelten kann, daß die Sicht etwa das Doppelte der zu messenden Entfernung betragen sollte [39]. Da die Sichtbehinderung im rheinisch-westfälischen Industriegebiet an fast allen Tagen des Jahres durch die außergewöhnlich starke Rauch-, Gas- und Dampfbildung und der damit ebenfalls verbundenen leichten Dunst- und Nebelbildung besonders groß ist, werden übertägige Streckenmessungen mit elektrooptischen Instrumenten in diesem Gebiet nur in sehr begrenztem Umfang für möglich gehalten. Zudem kann man hier nicht auf Nachtbeobachtungen ausweichen, weil oftmals auch während der Nacht keine merkliche Besserung der Sichten eintritt.

Die Funkmeßverfahren sind dagegen sowohl von der Jahres- und Tageszeit als auch von den Sichtverhältnissen weitgehend unabhängig, was durch eine Fülle praktischer Meßergebnisse, besonders im Ausland, bestätigt werden konnte. Somit erscheinen diese Verfahren für einen Einsatz gerade unter den zuvor geschilderten Gegebenheiten des rheinisch-westfälischen Steinkohlenbezirkes als besonders geeignet. In die folgenden Genauigkeitsbetrachtungen wird das elektrooptische Instrument GEODIMETER – NASM-4 jedoch mit einbezogen, weil in kleineren Bergbaugebieten mit besseren Sichtverhältnissen gerechnet werden kann.

c) Mittlerer Streckenmeßfehler m_s

Für die Genauigkeit einer Einzelmessung in Abhängigkeit von der Streckenlänge gelten folgende Formeln [63], [69] und [70]:

Tab. 11

Instrument	Mittlerer Fehler einer Einzelmessung
GEODIMETER – NASM-4	$m_s = \pm\,(1\ \text{cm} + 5 \cdot 10^{-6} \cdot s)$
TELLUROMETER – MRA-2	$m_s = \pm\,(5\ \text{cm} + 3 \cdot 10^{-6} \cdot s)$
ELECTROTAPE – DM-20	$m_s = \pm\,(1\ \text{cm} + 3 \cdot 10^{-6} \cdot s)$

Es sei bemerkt, daß die oben angeführten Formeln Firmenangaben sind. Ihre Gültigkeit ist jedoch besonders bei den Instrumenten TELLUROMETER und GEODIMETER durch umfangreiche Prüfmessungen in fast allen Teilen der Erde immer wieder bestätigt worden [7], [10], [18], [29], [30] und [41]. Auch für das vom Sommer 1961 ab lieferbare ELECTROTAPE – DM-20 liegen bereits einige Prüfmessungen der »US Army Engineer Research and Development Laboratories« vor [16], die die Gültigkeit der zuvor mitgeteilten Formel bestätigen.
Für verschiedene Streckenlängen s sind in Abb. 6a die mittleren Fehler und in 6b die entsprechenden relativen Genauigkeiten der vorgenannten Instrumente, wie sie sich durch Einsetzen von s in die Formeln der Tab. 11 ergeben, dargestellt.

40

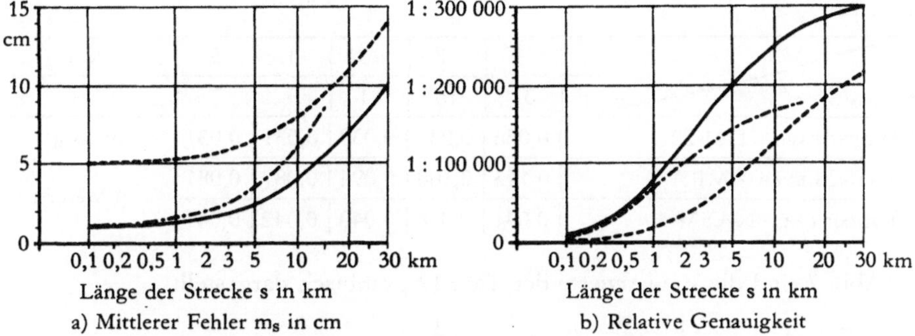

Abb. 6a und b   Mittlerer Fehler m_s einer Einzelmessung und relative Genauigkeit der elektromagnetischen Entfernungsmeßinstrumente ·

———— Electrotape – DM-20   – – – – – – Tellurometer – MRA-2
— · — · — Geodimeter – NASM-4

Die Abszisse ist in a und b nach dem Gaußschen Integral geteilt.

Aus Abb. 6a ist zu ersehen, daß das Gerät Electrotape – DM-20 im Vergleich zu den übrigen zwei Instrumenten die kleinsten mittleren Streckenmeßfehler erwarten läßt. Da die Genauigkeit kurzer Meßseiten besonders durch die ersten Fehlerglieder der Formeln der Tab. 11 beeinflußt wird, weisen die Instrumente Geodimeter – NASM-4 und Electrotape – DM-20 im Längenbereich von 100 m bis 1 km ungefähr gleich große Genauigkeiten auf, zumal da die jeweiligen zweiten Fehleranteile der entsprechenden Formeln der Tab. 11 ebenfalls ungefähr gleich groß sind. Mit zunehmender Streckenlänge divergieren die Kurven, wobei die Genauigkeit des Gerätes NASM-4 am schnellsten abnimmt.

Die Darstellung der relativen Meßgenauigkeit (Abb. 6b) macht den mit zunehmender Streckenlänge rasch steigenden Genauigkeitsgewinn der Instrumente NASM-4 und Electrotape gegenüber dem Tellurometer – MRA-2 besonders deutlich.

d) Mittlere Längsfehler m_l der Zugmitte

Für den Polygonzug mit gemessenen Brechungswinkeln sowie dem Meridianweiserzug ist der Längsfehler der Zugmitte bekanntlich [19]:

$$m_{l\,(P,\,M)} = \pm \frac{m_s}{2}\sqrt{n-1},$$

wobei n die Anzahl der Polygonpunkte einschließlich Anfangs- und Endpunkt bedeutet. Diese Formel gilt sowohl für den beiderseitig nach Koordinaten angeschlossenen Zug als auch für den nach Koordinaten und Richtungen an- und abgeschlossenen Zug. Mit den Zahlenwerten aus Abb. 6a ergibt obige Formel für verschiedene Seitenlängen s bei einer Gesamtzuglänge von $L = s \cdot (n-1) = 30$ km die in Tab. 12 aufgeführten Längsfehler.

Tab. 12

$m_{1(P,M)}$	s	1	2	3	4	5	km
	n	31	16	11	9	7	
ELECTROTAPE – DM-20		0,036	0,031	0,030	0,031	0,031	$m_{1(P,M)}$
TELLUROMETER – MRA-2		0,145	0,108	0,094	0,087	0,081	in Metern
GEODIMETER – NASM-4		0,041	0,038	0,040	0,042	0,043	

In Abb. 7 sind die Zahlenwerte der Tab. 12 graphisch dargestellt.

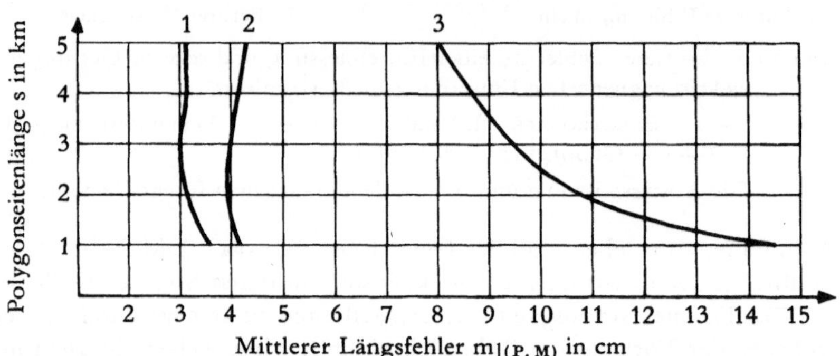

1 Electrotape-DM-20   2 Geodimeter-NASM-4   3 Tellurometer-MRA-2

Abb. 7   Mittlerer Längsfehler $m_{1(PM)}$ der Zugmitte in cm. L = 30 km

Ähnlich wie in Abb. 6, S. 41, zeigt auch die Darstellung der mittleren Längsfehler m_1 der Zugmitte, daß sich mit den Instrumenten ELECTROTAPE – DM-20 und GEODIMETER – NASM-4 theoretisch die höchste Genauigkeit erreichen läßt. Bemerkenswert ist, daß der kleinste mittlere Längsfehler der Zugmitte bei gegebener Zuglänge L = 30 km mit dem ELECTROTAPE – DM-20 dann erreicht wird, wenn die einzelnen Zugseiten s ungefähr 3 km lang sind. Für das Gerät NASM-4 beträgt die günstigste Seitenlänge ungefähr 2 km. Die Kurve (3) der Abb. 7 zeigt, daß unter den hier gegebenen Voraussetzungen das TELLUROMETER – MRA-2 erst bei Seitenlängen von über 5 km seine größtmögliche Leistungsgrenze erreichen wird.

e) Wirtschaftlichkeit elektromagnetischer Streckenmeßverfahren

Die besondere Bedeutung der elektromagnetischen Längenmessung liegt darin, daß die Streckenlängen mit gleichmäßiger Genauigkeit bestimmt werden, sofern die meteorologischen Beobachtungen einwandfrei sind. Man wird daher bei der Ausgleichung von Streckennetzen oder Polygonzügen, deren Seiten mit Hilfe von elektromagnetischen Längenmeßgeräten beobachtet sind, häufig mit Näherungsverfahren arbeiten können, welche die Rechenarbeit wesentlich verkürzen und vereinfachen.

Alle vorgenannten Instrumente sind so gebaut, daß man mit ihnen ohne besondere Fachkenntnisse aus der Funkmeßtechnik und Ultrahochfrequenztechnik bereits nach wenigen Stunden Einführung messen kann. Die Instrumente sind auf Grund ihres geringen Gewichtes (Tab. 13, S. 46) leicht zu transportieren und in ihren Gesamtabmessungen handlich (Bildtafel S. 39). Wirtschaftliche Vergleichszahlen gegenüber anderen Meßverfahren sind besonders in ausländischen Fachzeitschriften veröffentlicht worden.

Aus Kanada berichtet S. G. GAMBEL [17], daß ein Vermessungsingenieur in einem Meßabschnitt rd. 2000 km Polygonzug unter Verwendung eines TELLUROMETER-Paares bewältigen konnte, wogegen bei Benutzung eines gewöhnlichen Meßbandes in der gleichen Zeit nur 960 km durchführbar gewesen wären. Dadurch konnten Kosten von mehr als 200000,– US-Dollar gespart werden. An anderer Stelle arbeiteten 14 Mann 25 Tage an einer polygonalen Aufgabe, für deren Durchführung nach dem üblichen Verfahren 6 Mann und 111 Arbeitstage vorgesehen waren [30]. Übereinstimmend wird in allen entsprechenden Veröffentlichungen von einer 50%igen Zeit- und Kostenersparnis bei Polygonzügen berichtet.

Einen interessanten Kostenvergleich zwischen einer Polygonzugmessung mit elektromagnetischer Längenermittlung und einer Triangulation oder einer mit dem Meßband ausgeführten Polygonzugmessung liefert folgende Zusammenstellung der Zahlenangaben von J. L. SPEERT [58]. Die Währungseinheit sind US-Dollar.

Meßverfahren \ Kosten je	trig. Punkt	lfd. Meile	Quadrat-Meile
Triangulation	217,55		7,95
Polygonzug (Meßband)		67,36	15,31
Polygonzug (elektromagnetisch)	124,75	32,07	8,97

E. Ergebnisse praktischer Messungen

Im Juli 1960 konnte die Entfernung einer 4,8 km langen Strecke im westlichen
Stadtteil von Bochum mit Hilfe von TELLUROMETERN in Hin- und Rückmessung
bestimmt werden. Eine anschließend durchgeführte Basismessung und die
Längenberechnung aus der bereits erwähnten Doppelpunkteinschaltung, deren
Neupunkte die Endpunkte der oben erwähnten Seite waren (S. 31), ermöglichten
einen Vergleich der verschiedenen Meßverfahren.

1. Basismessung[3]

Als Grundlinie diente ein ungefähr 400 m langes Gleisstück auf der Bergisch-
Märkischen Eisenbahnstrecke zwischen Bochum und Wattenscheid, dessen Lage
so gewählt wurde, daß die anschließende Basisvergrößerung über zwei ungleich-
seitige Rhomben erfolgte (Abb. 8). Die Vergrößerung der Grundlinie betrug 1:12.

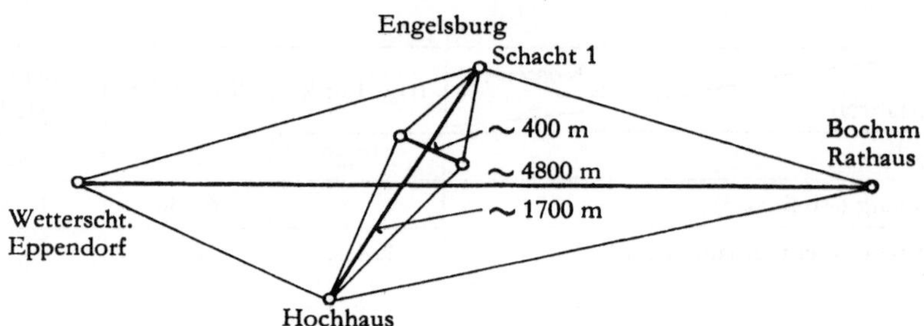

Abb. 8   Basisvergrößerungsnetz

Störungen infolge des dichten Zugverkehrs traten nicht ein, da die Messungen
auf einem Abstellgleis durchgeführt werden konnten, das ein gleichmäßiges
Gefälle von 1:1000 aufwies und geradlinig angelegt war. Verbesserungen infolge
seitlichen Ausschwenkens aus der Flucht brauchten demnach nicht berücksichtigt
zu werden.

Die Grundlinie selbst war in drei gleichlange Teilstücke von je 130 m Länge
unterteilt, die fortlaufend nacheinander von drei Meßtrupps mit je einem Lattenpaar (5-m-Meßlatten) bestimmt wurden. Da jeder Meßtrupp die gesamte Grund-

[3] Diese Arbeiten wurden von Herrn Markscheider Dr.-Ing. C. SCHMIDT, dem an dieser
Stelle für seine besondere Hilfe gedankt sei, durch Bereitstellung von Hilfskräften und
Meßgeräten unterstützt.

linie insgesamt viermal ausgemessen hat (jeweils zwei Hin- und Rückmessungen),
ist jeder Teilabschnitt zwölfmal vermessen worden. Vor und nach jeder Teil-
streckenmessung wurde jedes Lattenpaar auf einem Komparator ausgemessen.
Um die Fehler der Komparatormessung möglichst klein zu halten, war die Ver-
gleichsbahn mit fünf Normalmetern ausgelegt, so daß ein Umlegen der Normal-
meter entfiel. Die bei der Ausmessung des Komparators mit Latten oder Normalmetern verbleibenden Restlängen wurden mit einem Mikrometer (0,01 mm Ab-
lesung, 0,001 mm Schätzung) bestimmt. Die Auswertung der Messungen brachte
folgende Ergebnisse:

Teilstrecke 1	130,1652 m $\pm$ 0,259 mm
Teilstrecke 2	130,2405 m $\pm$ 0,219 mm
Teilstrecke 3	130,2072 m $\pm$ 0,192 mm
Grundlinie insgesamt	390,6129 m $\pm$ 0,390 mm

Die Winkel des Vergrößerungsnetzes, die in Abb. 9 dargestellt sind, wurden mit
einem Sekundentheodolit Theo 010 gemessen. Der mittlere Winkelfehler aus der
Ausgleichung ergab m $= \pm$ 1,5^{cc}. Die Länge der gesuchten Vergrößerungs-
seite s_B (Abb. 9) sowie deren Genauigkeit beträgt

$$s_B = 4804,795 \text{ mm} \pm 0,049 \text{ m}$$

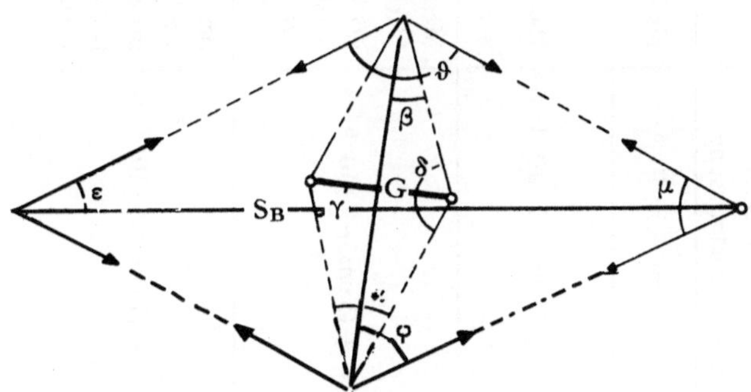

Abb. 9

Unter Berücksichtigung der Lotkonvergenz v ergibt sich für die Seite s_B, auf
NN bezogen,

$$v = \frac{h}{r} \cdot s_B.$$

Bei h $= + 87$ m, $s_B = 4804,795$ m und $1/r = 1,5669 \cdot 10^{-7}$ für $\varphi = 50° 28'$ [49]
ist

$$v = -0,066 \text{ m}$$

Damit wird

$$s_B = 4804,795 \text{ m}$$
$$-0,066 \text{ m}$$
$$s_B = 4804,729 \text{ m}$$

Tab. 13 *Technische Angaben und mittlere Fehler einer Einzelmessung der elektromagnetischen Entfernungsmeßgeräte :*
ELECTROTAPE – DM-20, TELLUROMETER – MRA-2, GEODIMETER – NASM-3 *und* NASM-4

Art	Instrument	Mittlere Fehler einer Einzelmessung	Meßbereich	Energieversorgung		Gewicht		Zu-behör
				Art	Verbrauch		kg	
elektronisch	ELECTROTAPE – DM-20	$m_s = \pm\,(1\ \text{cm} + 3 \cdot 10^{-6} \cdot s^*)$	bis 100 km	Batterie	4 A bei 12 V	Instrument ohne Batterie	12	Barometer, Psychrometer
elektronisch	TELLUROMETER – MRA-2	$m_s = \pm\,(5\ \text{cm} + 3 \cdot 10^{-6} \cdot s)$	150 m bis 60 km	Batterie	4 A bei 12 V	Instrument einschl. Batterie und Stativ	13	Barometer, Psychrometer
elektrooptisch	GEODIMETER – NASM-3	$m_s = \pm\,(5\ \text{cm} + 2 \cdot 10^{-6} \cdot s)$	Messungen nur des Nachts möglich, bis zu 30 km, je nach Sicht-verhältnissen	Batterie oder Benzinmotor und Umformer	75 W, 110 V	Instrument Stativ Spiegel-reflektor: 3 Prismen 7 Prismen	26 10 1,5 3	Barometer, Psychrometer
elektrooptisch	GEODIMETER – NASM-4	$m_s = \pm\,(1\ \text{cm} + 5 \cdot 10^{-6} \cdot s)$	bei Tage bis zu 1,5 km und nachts bis zu 15 km, je nach Sicht-verhältnissen	Batterie oder Benzinmotor und Umformer	60 W, 110 V	Instrument einschl. Zentrier-teller und Stativ	20,5 7	Barometer, Psychrometer

s* = Entfernung in cm

2. Doppelpunkteinschaltung

Die aus den ausgeglichenen Koordinaten der auf S. 31 näher beschriebenen Doppelpunkteinschaltung errechnete Seitenlänge s_D wurde ermittelt zu

$$s_D = 4804{,}990 \text{ m} \pm 0{,}048 \text{ m}$$

Um die Länge der Doppelpunktseite s_D mit der aus der Basismessung abgeleiteten Seite s_B vergleichen zu können, muß s_D noch wie folgt verbessert werden:

a) Berücksichtigung des Unterschiedes zwischen legalem und internationalem Meter

Nach W. JORDAN [25] ist das legale Meter *in Deutschland im Durchschnitt* um 13,4 mm/km größer als das internationale Meter. R. SCHMIDT [56] gibt für den Bereich des Landes *Nordrhein-Westfalen* 8,77 mm/km an. Berücksichtigt man den letztgenannten Verbesserungswert, so wird

$$
\begin{aligned}
s_D &= 4804{,}990 \text{ m} \\
& + 0{,}042 \text{ m} \\
\hline
s_D &= 4805{,}032 \text{ m}
\end{aligned}
$$

b) Projektionsvergrößerung

Die Verbesserung der fortschreitenden Maßstabsvergrößerung infolge Einführung der Gauß-Krüger-Projektion beträgt [49]

$$v = \frac{y^2}{2\,r^2} \cdot s_D$$

Im vorliegenden Beispiel wird s_D durch v bei $y = 82{,}8$ km um 408 mm verkürzt. Mithin ergibt sich endgültig

$$
\begin{aligned}
s_D &= 4805{,}032 \text{ m} \\
& - 0{,}408 \text{ m} \\
\hline
s_D &= 4804{,}624 \text{ m}
\end{aligned}
$$

3. TELLUROMETER-Messung[4]

Die von einem Meßtrupp der Militärgeographischen Dienststelle der Bundeswehr durchgeführten TELLUROMETER-Messungen ergaben nach Berücksichtigung der meteorologischen Verbesserungen folgende Ergebnisse für die Länge der Seite »Wetterschacht Eppendorf – Rathaus Bochum«:

[4] Herrn Oberstleutnant Dr.-Ing. G. STRASSER gebührt für die Bereitstellung der Instrumente einschließlich eines Meßtrupps besonderer Dank.

Meßrichtung Wetterschacht Eppendorf–Rathaus Bochum: (Schrägentfernung
$$s_T = 4804,804 \text{ m}$$
Meßrichtung Rathaus Bochum–Wetterschacht Eppendorf: aus 12 Fein-
$$s_T = 4804,869 \text{ m}$$ ablesungen)

Mittel: $s_T = 4804,836 \text{ m} \pm 3,3 \text{ cm}$

Nach Berücksichtigung der Verbesserungen infolge Lotkonvergenz und schräg gemessener Streckenlänge wird

$$
\begin{aligned}
s_T = {}& 4804,836 \text{ m} \quad \text{(Schrägentfernung)} \\
& -\,0,038 \text{ m} \quad \text{(Reduktion auf die Waagerechte)} \\
& -\,0,094 \text{ m} \quad \text{(Lotkonvergenz, h} = +\,125 \text{ m)} \\
\hline
s_T = {}& 4804,704 \text{ m}
\end{aligned}
$$

4. Gegenüberstellung der praktischen Meßergebnisse

$$s_B = 4804,729 \text{ m} \pm 0,049 \text{ m} \quad \text{Basismessung}$$
$$s_T = 4804,704 \text{ m} \pm 0,033 \text{ m} \quad \text{TELLUROMETER-Messung}$$
$$s_D = 4804,624 \text{ m} \pm 0,048 \text{ m} \quad \text{Doppelpunkteinschaltung}$$

III.

A. Vorschläge für ein Punktnetz auf neuer Grundlage

1. Form und Anlage des Netzes

a) Ringpolygon

Die auf den Inselflächen der Anlage 3 gelegenen Festpunkte können nicht als unbedingt sicher angesprochen werden, weil sie durch Überzugswirkungen tiefer Abbaue gefährdet sind oder noch erfaßt werden können. Eine Wiederherstellung des trigonometrischen Festpunktfeldes im rheinisch-westfälischen Industriegebiet wird daher zweckmäßig von bergsicheren Punkten außerhalb der Einwirkungsfläche ausgehen. Es empfiehlt sich, die in der Anlage 3 nachgewiesene bergunsichere Gebietsfläche mit einem Feinpolygonzug kranzartig zu umschließen, um einen einheitlichen Anschlußrahmen zu schaffen. In diesen Rahmen sind die vorhandenen und in Anlage 3 dargestellten Dreieckspunkte höherer Ordnungen des Reichsfestpunktfeldes mit einzubeziehen (Anlage 6).

Als Anschlußpunkte für dieses Ringpolygon kommen vor allem die in Anlage 6 besonders kenntlich gemachten, zur Einwirkungsfläche randnah gelegenen trigonometrischen Punkte I. Ordnung und Zwischenpunkte der I. Ordnung der Rheinisch-Hessischen Kette von 1889/90 in Frage, die mit einer Richtungsgenauigkeit von $\pm 0{,}78^{cc}$ bis $\pm 1{,}20^{cc}$ und $\pm 0{,}06$ m mittlerem Punktfehler der vier Zwischenpunkte I. Ordnung bestimmt worden sind [56]. Werden außerdem die großen Seitenlängen von 40 km zwischen den Punkten I. Ordnung »Velbert« und »Rheurdt–Scharden–Berg« einerseits sowie von 60 km zwischen »Stim–Berg« und »Rheurdt–Scharden–Berg« andererseits durch Einbeziehung der Punkte II. Ordnung »Duisburg-Kaiserberg« und »Hünxe-Hövelsberg« unterteilt, so betragen die Abstände der Dreieckspunkte, an die die einzelnen Züge der Polygonschleife angeschlossen werden können, im Durchschnitt 20–30 km. Ergibt sich aus dem Umringszug die Standsicherheit der Punkte I. und II. Ordnung, so braucht der Zug nicht oder nur in größeren Zeitabständen wiederholt zu werden.

Würde man die Ergebnisse der Ringmessung bei der Ausgleichung als geschlossene Polygonschleife behandeln, so wären wohl Koordinatenveränderungen unvermeidlich. Um dies auszuschließen, sofern sich die Anschlußpunkte als unverändert erweisen, müssen andere Wege beschritten werden.

So hat u. a. A. T. HORNOCH [23] gezeigt, daß diejenige Seite, deren Projektion in die Mitte eines Einrechnungszuges fällt, den kleinsten mittleren Richtungsfehler aufweist, und daß die Richtungsgenauigkeit der Seiten nach den Anschlußpunkten zu abfällt. Nach O. NIEMCZYK und E. EMSCHERMANN [46] beträgt der mittlere

Richtungsfehler m_{Rm} eines gestreckten, annähernd gleichseitigen Einrechnungszuges für die mittlere Zugseite

$$m_{Rm}^2 = \frac{m^2_T}{n+1} \cdot \frac{\frac{n}{2} \cdot (n+2)}{6}$$

oder nach einigen Umformungen

$$m_{Rm} = \pm\, m_T \sqrt{\frac{n \cdot (n+2)}{12 \cdot (n+1)}}\,,$$

wobei n die Anzahl der Polygonpunkte *ohne* Anfangs- und Endpunkt des Zuges
und m_T den mittleren Winkelfehler bedeuten. Für den Richtungsfehler der ersten
oder letzten Zugseite gilt nach [46]

$$m_{Ro} = \pm\, m_T \sqrt{\frac{n \cdot (2n+1)}{6 \cdot (n+1)}}$$

Für eine Zuglänge von 30 km und Seitenlängen von 5 km, d.h. mit n = 5, sowie
einem mittleren Winkelfehler $m_T = \pm\, 3^{cc}$ gewinnt man den Richtungsfehler der
mittleren Zugseite zu

$$m_{Rm} = \pm\, 3 \sqrt{\frac{5 \cdot (5+2)}{12 \cdot (5+1)}} = \pm\, 2{,}1^{cc}$$

Für die Anfangs- und Endseite des Zuges wird im angenommenen Beispiel

$$m_{Ro} = \pm\, 3 \sqrt{\frac{5 \cdot (10+1)}{6 \cdot (5+1)}} = \pm\, 3{,}7^{cc}$$

Von weiterer Bedeutung für die Beurteilung der Güte der Kranzpolygonzüge ist
die Kenntnis des erreichbaren mittleren Punktfehlers M für die Zugmitte als
unsicherstem Punkt. Bei gestreckten und annähernd gleichseitigen Zügen ist

$$M = \pm \sqrt{m_q^2 + m_l^2}$$

Den mittleren Querfehler m_q errechnet man für einen von zwei Seiten nach
Koordinaten angeschlossenen, gestreckten, gleichseitigen Zug zu [19]

$$m_q = \pm\, \frac{m_T}{\rho} \cdot L \sqrt{\frac{(n-1)^2 + 2}{48 \cdot (n-1)}}\,,$$

wenn n die Anzahl aller Polygonpunkte einschließlich Anfangs- und Endpunkt
angibt. Für die oben gemachten Voraussetzungen und n = 7 ist der mittlere
Querfehler der Zugmitte

$$m_q = \pm\, \frac{3}{\rho} \cdot 30 \cdot 10^3 \sqrt{\frac{(7-1)^2 + 2}{48 \cdot (7-1)}} = \pm\, 0{,}05 \text{ m}$$

Den mittleren Längsfehler m_l des Zugmittelpunktes erhält man zu [19]

$$m_l = \pm \frac{m_s}{2} \sqrt{(n-1)} .$$

Bei einem mittleren Streckenmeßfehler $m_s = \pm 0,025$ m, wie er aus Abb. 6a bei $s = 5$ km für das ELECTROTAPE – DM-20 hervorgeht, ist $m_l = \pm 0,06$ m. Der mittlere Lagefehler des Punktes der Zugmitte ist sodann $M = \pm 0,078$ m und aus Hin- und Rückmessung $M = \pm 0,055$ m.

Hieraus geht hervor, daß den durch Einrechnungszüge im Rahmen des Ringpolygons bestimmten Zwischenpunkten Richtungs- und Punktgenauigkeiten zukommen, die denen der vorhandenen Zwischenpunkte I. Ordnung der »Rheinisch-Hessischen Kette« von 1889/90 entsprechen, wenn man letztere als sichere Anschlußpunkte betrachtet.

b) Verbindungszüge

Für die Anlage von Festpunkten im Inneren der Einwirkungsfläche können Verbindungszüge dienen, die unmittelbar an die Brechpunkte des Umringpolygons im Norden und Süden anschließen und die durch einen west-östlich streichenden, gestreckten Verbindungszug gesichert werden (Anlage 6). Auf Grund der beschränkten Sichtmöglichkeiten dürfte ein zeitlicher Zugabstand von 10 bis 12 km ausreichen, so daß etwa neun bis zehn Verbindungszüge in Frage kämen (Anlage 6). Bei ihrer Anlage wird man mitunter einige der genannten Inselflächen zu Standorten von Festpunkten wählen können. Darüber hinaus sind einzelne Festpunkte polar an Punkte des Umringpolygons oder der Verbindungszüge anzuschließen.

Wie außerdem aus Anlage 6 hervorgeht, entstehen auf Grund der vorgeschlagenen Zugführung Polygonknotenpunkte mit jeweils drei oder vier Einzelzügen, deren näherungsweise Ausgleichung nach [11], [49] oder [55] zu Genauigkeitssteigerungen führt. Für die strenge Ausgleichung von verknoteten Einrechnungszügen hat A. T. HORNOCH einen Lösungsweg angegeben [24].

B. Übertragung von Hauptpunkten in die tiefsten Sohlen geeigneter Schächte

1. Nachweis der Schächte

In vielen Fällen läßt es sich ermöglichen, Zechenhochbauten wie Kohlentürme, Wäschen usw. zur Anlage von Festpunkten heranzuziehen. Es liegt daher nahe, durch Punktherablegungen zur tiefsten Bausohle ein unterirdisches Festpunktfeld anzulegen, das im Bedarfsfall zur Überprüfung oder Neubestimmung unsicher gewordener Einzelpunkte oder ganzer Polygonzüge des übertägigen Netzes verwendet werden kann.

Die Auswahl der zur Punktherab- und Herauflotung geeigneten Schächte hat nach besonderen Gesichtspunkten zu erfolgen, wobei vor allem eine einwandfreie untertägige Lagesicherheit über viele Jahre hinweg gewährleistet sein muß. Ferner wird man darauf achten müssen, daß die über- und untertägigen Anschluß- und Wiederholungsmessungen möglichst ungehindert erfolgen können, sodann, daß die untertägige Punktvermarkung im ausreichend bemessenen Schachtsicherheitspfeiler in unmittelbarer Schachtnähe völlig unbeeinflußt von Abbauwirkungen geschehen kann, damit die Güte der Übertragung und das Verfahren nicht durch weite und schwierige Anschlußmessungen wieder in Frage gestellt werden.

An Hand von Erhebungen, die im einzelnen durch wiederholte Besprechungen mit den jeweiligen Zechenmarkscheidern ergänzt wurden, konnte festgestellt werden, daß insgesamt 34 Schächte im rheinisch-westfälischen Steinkohlengebiet zur Ortung geeignet erscheinen, deren Lage aus Anlage 6 hervorgeht. Bei diesen Schächten ist die Vermarkung der Hauptpunkte im Füllort der tiefsten Sohle, also in unmittelbarer Schachtnähe möglich. Die Lagesicherheit der Hauptpunkte ist nach den heutigen Abbauplanungen in allen Fällen auf über 20 Jahre verbürgt. 19 von 34 Schächten sind mit einem kegelförmigen Sicherheitspfeiler umgeben, zehn Schächte weisen einen zylindrischen Schutzbezirk auf, und fünf Schächte sind auf Sätteln mit dürftigen Kohlenmächtigkeiten abgeteuft worden; die Kohle in diesen Sätteln wird nicht abgebaut werden, so daß sich hier die Einhaltung eines Sicherheitspfeilers erübrigt. Die durchschnittliche Teufe der in Frage kommenden Füllörter beträgt 840 m mit Grenzwerten zwischen 1183 m und 588 m. In neun Fällen kann die Punktvermarkung im Füllort der tiefsten Sohle erfolgen, die das Tiefste des flözführenden Karbons bezeichnet. Die Durchführung der zur Punktübertragung notwendigen Ortungen wird in keinem der dargestellten Schächte durch Einbauten, Bergefesten oder Bühnen behindert. Ferner sind übertägige Anschlußschwierigkeiten wegen Wetterschleusen oder Wetterkanäle nicht zu befürchten, da es sich ausschließlich um Schächte mit einziehender Wetterführung handelt.

2. Richtungsübertragung durch Meridianweisermessungen

Von den bekannten Verfahren der mittelbaren und unmittelbaren Richtungsübertragung durch lotrechte Schächte führt die Einrechnung zu den genauesten
Ergebnissen. Da der hierfür jeweils erforderliche zweite Schacht in den vorgeschlagenen 34 Fällen nicht immer gegeben oder die untertägige Verbindung
nur über einen mehrfach geknickten Zug mit sehr kurzen Seitenlängen zu erreichen ist, ist die Richtungsübertragung mit Hilfe der Einrechnung nicht immer
durchführbar. Andererseits ist bekannt, daß mit der Mehrgewichtslotung eine
Übertragungsgenauigkeit von $\pm$ 1^c erreicht werden kann [45], [46]. Durch die
spätere Rückübertragung von unter Tage zur Tagesoberfläche erhöht sich dieser
Wert noch auf das $\sqrt{2}$fache, so daß die wiederhergestellte Richtung der übertägigen Seite nur eine Genauigkeit von $\pm$ 1,5^c aufweisen würde. Mehrgewichts-
lotungen scheiden somit für den vorliegenden Zweck aus.

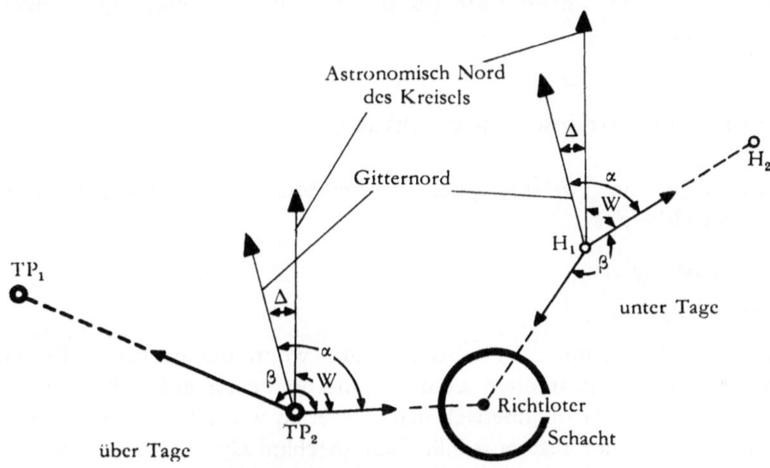

α = Richtungswinkel im Netz der Landesaufnahme
W = Richtungswinkel der Meridianweisermessung
Δ = Unterschied zwischen α und W
β = Brechungswinkel (Theodolitmessung)

Abb. 10 Richtungs- und Koordinatenübertragung mit Hilfe des Meridianweisers und
einem Richtloter

Wesentlich genauer und einfacher in der Durchführung erscheint die Richtungsübertragung mit Hilfe des Meridianweisers (Abb. 10). Das Meßverfahren erfordert
zunächst über Tage im Punkt TP₂ eine Meridianweiserbeobachtung der Seite TP₂–
Richtloter mit dem mittleren Richtungsfehler m_α aus der Polygonzugmessung.
Damit wird der Richtungsunterschied Δ zwischen der absoluten Kreiselangabe
und dem Landesnetz gewonnen. Der mittlere Fehler einer Meridianweisermessung
sei m_W. Unter Tage ist im Punkt H₁ eine weitere Kreiselmessung notwendig,
deren Richtungsangabe zum Punkt H₂, um den Betrag von Δ verbessert, bereits

die endgültige Richtung der Seite H_1H_2 im System der Landesvermessung liefert. Der mittlere Richtungsfehler der Seite H_1H_2 ergibt sich somit zu

$$m_{H_1H_2} = \pm \sqrt{m_\alpha^2 + 2 \cdot m_W^2}$$

Setzt man beispielsweise für $m_\alpha = \pm 3,7^{cc}$ ein, d.h. den für die Anfangs- und Endseite gefundenen mittleren Richtungsfehler eines Einrechnungszuges (S. 50), und für $m_W = \pm 8^{cc}$ (S. 29), so wird $m_{H_1H_2} = $ rd. $\pm 12^{cc}$. Bei der späteren Rückübertragung der untertägigen Richtung nach über Tage sind nochmals zwei Meridianweisermessungen auf den Punkten H_1 und TP_2 erforderlich, so daß der wiederhergestellten Richtung der Seite TP_2 – Richtloter folgende Genauigkeit zukommt

$$m_{TP_2\text{-Richtloter}} = \pm \sqrt{m_{H_1H_2}^2 + 2 \cdot m_W^2} = \pm 16,5^{cc}$$

Durch die zweimalige Richtungsübertragung wird die ursprüngliche Genauigkeit der übertägigen Anschlußseite zwar verringert, doch ruft ein mittlerer Richtungsfehler von $\pm 16^{cc}$ bei einem 3 km entfernten Punkt nur einen Querfehler von $\Delta q = \pm 7,5$ cm hervor.

3. Koordinatenübertragung durch Ortung

Von den bekannten Verfahren der Punktabseigerung durch tiefe, lotrechte Schächte mit Hilfe der

1. mechanischen oder
2. optischen Ortung

läßt das unter 1. genannte Verfahren, zumal wenn bei größeren Teufen mit mehreren Gewichten gearbeitet werden muß, in bezug auf Schnelligkeit und Unabhängigkeit vom Grubenbetrieb mancherlei zu wünschen übrig. Wenn trotz dieser Nachteile bisher fast ausschließlich mechanische Lotungen zur Punktabseigerung in Schächten in Anwendung gekommen sind, so ist dies allein darauf zurückzuführen, daß sich mit diesem Verfahren höhere Genauigkeiten erzielen lassen als mit der optischen Ortung, und daß die Aufgabe der Ortungs- *und* Richtungsübertragung nicht so sehr in einer einwandfreien Koordinaten-, sondern in der möglichst sicheren und genauen Richtungsübertragung liegt. Die erreichten Leistungen der unabhängigen Richtungsbestimmung durch Meridianweisermessungen (S. 27) legen es nahe, Richtungs- und Koordinatenübertragungen voneinander zu trennen.

Für eine alleinige Koordinatenübertragung kommt zunächst der von W. SCHNEIDER [57] untersuchte optische Richtloter der Fa. ZEISS in Frage, dessen Einsatz in der einfachen Ausführung als Abloter, d.h. ohne Richtkopf, erfolgversprechend erscheint. Bei Probemessungen auf einer oberschlesischen Zeche erzielte SCHNEIDER mit diesem Instrument unter Verwendung einer Grubentafel mit Schachbretteilung einen mittleren Ortungsfehler von ± 1 mm bis 2 mm auf 800 m Schachtteufe [57].

Der erwähnte optische Abloter (Richtloter) von ZEISS befindet sich allerdings nur in einem Exemplar am Markscheide-Institut der Technischen Hochschule Aachen. Neuerdings stellt die Firma F. W. BREITHAUPT & SOHN in Kassel ein von Markscheider DRENT (Niederlande) vorgeschlagenes Schachtlotgerät her, das nach Art des ZEISSschen Richtloters ein lotrechtes Fernrohr trägt, dessen Drehachse mit der optischen Achse des Fernrohrs zusammenfällt. Das Gerät ist eigens für Ortungszwecke in Schächten bestimmt und weist bei strenger Lotrechtstellung nach Angaben der Herstellerfirma eine Genauigkeit von 1 mm/100 m auf. Der linear mit der Teufe anwachsende mittlere Fehler einer Ortung beträgt demnach bei 800 m Teufe $\pm$ 8 mm oder rd. 1 cm/1000 m. Diese Genauigkeit ist für Koordinatenübertragungen in und aus tiefen Schächten vollkommen ausreichend.

C. Verwertung der gewonnenen Messungsergebnisse durch die Landesvermessungsbehörden

Wegen der Bedeutung einer derart umfassenden Neuvermessung des rheinisch-westfälischen Steinkohlenbezirkes wird man auch auf vermessungstechnische Arbeitsvorhaben und Wünsche anderer Dienststellen z.B. hinsichtlich der Vermarkung, der Anschlußmöglichkeiten für Folgemessungen u.a.m. Rücksicht nehmen. Bekanntlich fordert der FP-Erlaß in Ziffer 18 [72], daß bei einer Netzverdichtung im Landesdreiecksnetz mit Hilfe von genauen Polygonzügen, also bei der Bestimmung eines TP(L), eine Verknotung der Züge durch den Anschluß an wenigstens drei TP(L) anzustreben ist. Dabei sollen die polygonometrisch bestimmten Festpunkte nicht wesentlich ungenauer sein als die trigonometrischen, so daß auch hier die Einhaltung eines Grenzwertes von $\leqq 0,15$ m für die große Halbachse der mittleren Fehlerellipse gefordert wird. Die Züge sind gestreckt anzulegen, die Messung selbst ist unter Verwendung geeigneter Streckenmeßgeräte durchzuführen.

IV. Zusammenfassung

Das heutige trigonometrische Festpunktnetz des rheinisch-westfälischen Industriebezirks ist im Laufe der Zeit starken bergbaulichen Bewegungen ausgesetzt gewesen und unsicher geworden (Anlage 2). Da mit dem Bergbau auch die Bodenbewegungen fortdauern, wird zur Neuerrichtung eines Festpunktnetzes vorgeschlagen, zukünftig nur noch polygonal zu arbeiten. Dieses Meßverfahren bietet gegenüber der Dreiecksmessung folgende Vorteile:

1. schnelle und einfache Durchführung der Messung,
2. Auswechslung unbrauchbar gewordener Zugteile durch einfache Einrechnungen zwischen sicheren Festpunkten,
3. große Beweglichkeit in der Wahl der Zugführung,
4. hohe Genauigkeiten der Meßergebnisse,
5. einfachere und wesentlich schnellere Auswertung mit Hilfe von Näherungsverfahren,
6. Die Berechnungen können unmittelbar im Anschluß an die Messungen eines Zuges durchgeführt werden, so daß die endgültig ausgeglichenen Koordinaten bereits wenige Tage nach Beendigung der Außenarbeiten vorliegen, während die Ausgleichung von Dreiecksnetzen erst nach Abschluß aller Beobachtungen möglich ist.

Auf Grund von Erkundungen und Umfragen konnte zunächst das Gebiet bergbaulicher Einwirkungen für den Zeitraum von 1920 bis 1980 begrenzt und dargestellt werden, innerhalb dessen jedes starr angelegte Dreiecksnetz sehr bald wieder unbrauchbar werden müßte (Anlage 3).

Da die bisher übliche Art der Polygonzugmessung in einem Arbeitsgebiet von 2300 km² – vor allem in bezug auf die Längenmessung – unwirtschaftlich ist, mußte untersucht werden, mit welchen neuzeitlichen Meßverfahren die Richtungen und Längen der Polygonseiten unter Beachtung einer größtmöglichen Punktlagegenauigkeit zu bestimmen sind.

Die Auswertung von 76 Einsatzmessungen des von der Kreiselmeßstelle in der Abteilung Markscheidewesen der Westfälischen Berggewerkschaftskasse in Bochum entwickelten Meridianweisers MW 4a weist den mittleren Fehler einer einmaligen Richtungsangabe zu $\pm$ 17^{cc} nach. Anschließende Vergleiche der mittleren Querfehler eines 30 km langen, gestreckten, gleichseitigen Polygonzuges zeigten für die Zugmitte als unsichersten Punkt des zweiseitig angeschlossenen Zuges, daß trotz der zuvor genannten hohen Weisungsgenauigkeit des Vermessungskreisels mit Hilfe von Polygonzügen, die mit Sekundentheodoliten ausgeführt werden, höhere Genauigkeiten zu erreichen sind als mit Meridianweiserzügen. Dies gilt besonders für Zugseitenlängen über 3 km. Bei kürzeren Seitenlängen erweisen sich Meridianweiserzüge als genauer. Vom *wirtschaftlichen* Standpunkt aus sind Polygonzüge mit gemessenen Brechungswinkeln jedoch auch bei

kurzen Seitenlängen vorzuziehen, weil die Meßzeit des Meridianweisers bei zweimaliger unabhängiger Beobachtung gegenwärtig noch drei Stunden beträgt.
Berechnung und Vergleich der mittleren Streckenmeßfehler in der Zugmitte für verschiedene Längenmeßverfahren ergeben, daß für die Entfernungsmessung langer Polygonseiten besonders die vor einigen Jahren bekannt gewordenen elektromagnetischen Längenmeßinstrumente geeignet sind. Bei hoher und gleichbleibender Genauigkeit auf langen Zugseiten bis zu mehreren Kilometern und schnellem Arbeitsfortschritt können bei Verwendung solcher Geräte, die nach dem Funkmeßverfahren arbeiten, auch Messungen unter schlechten Sichtverhältnissen durchgeführt werden, was ihren Einsatz im rheinisch-westfälischen Industriegebiet besonders vorteilhaft erscheinen läßt.
Um die Brauchbarkeit der einzelnen Meßverfahren beurteilen zu können, wurden folgende Messungen durchgeführt.

1. Mit Hilfe eines 38 km langen Richtungszuges quer durch das Ruhrgebiet, der im Norden und Süden an bergsichere trigonometrische Punkte I. und II. Ordnung der Landesaufnahme anschloß, konnte die Einsatzmöglichkeit des Meridianweisers zur unmittelbaren Richtungsangabe von Polygonseiten nachgewiesen werden.

2. Die Entfernungsbestimmung einer rd. 4,8 km langen Seite aus drei unabhängigen Bestimmungsverfahren (Doppelpunkteinschaltung, Grundlinienmessung und TELLUROMETER-Messung) ergab eine gute Übereinstimmung bei ungefähr gleich großer Bestimmungsgenauigkeit. Zur näheren Überprüfung der Eignung elektronischer Streckenmeßgeräte für eine Neuvermessung des rheinisch-westfälischen Steinkohlengebietes wird es notwendig sein, weitere elektromagnetische Längenmessungen durchzuführen, bei denen die Beobachtungen über den ganzen Tag verteilt sind, um den Einfluß kleiner, aber sehr unterschiedlicher Refraktionsfelder ermitteln zu können, wie sie besonders häufig in großen Industriegebieten auftreten.

Hinsichtlich der Anlage von Polygonzügen soll nach Möglichkeit ein sicherer und einheitlicher Anschlußrahmen außerhalb der nachgewiesenen bergbaulichen Einwirkungsfläche durch ein Umringpolygon geschaffen werden, das die vorhandenen trigonometrischen Punkte der I. und II. Ordnung mit einbezieht; zwischen diesen kann gegebenenfalls eingerechnet werden. Die Brechpunkte der in das Ringpolygon eingebundenen Verbindungszüge, die miteinander verknotet sind, bilden sodann das Festpunktfeld innerhalb der Einwirkungsfläche. Die Lage der Verbindungszüge wird dabei vor allem durch die erforderliche Punktdichte, durch das Vorhandensein besonderer Inselflächen innerhalb des Einwirkungsgebietes und durch die Lage von solchen Schächten bestimmt, mit deren Hilfe eine langfristige Sicherung des Punktnetzes durch untertägige Festpunkte gewährleistet werden kann.
Hinsichtlich der Richtungs- und Koordinatenübertragung durch tiefe, lotrechte Schächte und der späteren Übertragung der untertägigen Festpunkte nach über Tage zeigt sich, daß die Richtungsübertragung sowie Richtungs- und Punkt-

wiederherstellung mit Hilfe von Meridianweisermessungen und dem optischen Richtloter der Fa. ZEISS oder dem neuen Schachtlotgerät von F. W. BREIT-HAUPT & SOHN, Kassel, befriedigende Meßgenauigkeiten in Aussicht stellen. Aus den hierzu angeführten Berechnungen geht hervor, daß eine auf $\pm 3{,}7^{cc}$ bestimmte, 3 km lange, übertägige Anschlußrichtung nach ihrer Wiederherstellung über die untertägigen Festpunkte einen mittleren Fehler von rd. $\pm 16^{cc}$ aufweisen dürfte. Die bisher durchgeführten praktischen Ortungen mit dem Richtloter von der Fa. ZEISS ergaben für 800 m Teufe einen mittleren Fehler der Punktübertragung von $\pm 1\,mm$ bis 2 mm. Mit dem neuen Schachtlotgerät von BREITHAUPT sollen sich Ortungen von ± 1 cm/1000 m Teufe bewerkstelligen lassen.

Hiernach dürfte eine Neuvermessung umfangreicher, geschlossener Bergbaugebiete durch Polygonzüge, in denen die Richtungsübertragung durch Beobachtung der Brechungswinkel mit Hilfe von Sekundentheodoliten und die Längenbestimmungen mit elektromagnetischen Entfernungsmeßgeräten erfolgen, aussichtsreich erscheinen. Sodann wird eine Verankerung der Polygonseiten mit dem relativ dichten Netz der heutigen Schachtzone im Ruhrbezirk mittels Meridianweiserrichtungs- und Ortungsübertragung in tiefste Schachtsohlen eine Erhaltung standsicherer trigonometrischer Punkte gewährleisten. Durch Abbaueinflüsse unbrauchbar werdende Punkte oder Teile von Streckenzügen können im Bedarfsfalle durch Rückübertragung von Richtungen und Koordinaten aus den tiefsten Schächten nach über Tage neu bestimmt werden. Eine ununterbrochene Benutzbarkeit des jederzeit wiederherstellbaren Punktnetzes wäre auf diese Weise in Aussicht gestellt.

Prof. Dr. Ing. E. h. Dr. phil. Oskar niemczyk

Dipl.-Ing. Heinz wesemann

Literaturverzeichnis

Nachfolgend benutzte Abkürzungen

Can. Surv.	The Canadian Surveyor
DGK	Deutsche Geodätische Kommission
Diss.	Dissertation
Emp. Surv. Rev.	Empire Survey Review
Geod. kart.	Geodesija i kartografija
Jour. Geophys. Res.	Journal of Geophysical Research
M. a. d. Markscheidew.	Mitteilungen aus dem Markscheidewesen
NW	Nordrhein-Westfalen
ÖZfV	Österreichische Zeitschrift für Vermessungswesen
SchwZfV	Schweizer Zeitschrift für Vermessungswesen
ZfV	Zeitschrift für Vermessungswesen

[1] ACKERL, F., Über den Einfluß fehlerhafter Festpunkte auf das Ergebnis des Vorwärtseinschneidens. – ZfV 1930, Heft 2.

[2] Ders., Über den Rückwärtseinschnitt aus fehlerhaften Festpunkten. – SchwZfV 1948.

[3] Ders., Die Fehlerellipse des Neupunktes beim Rückwärtseinschnitt aus fehlerhaften Festpunkten. – SchwZfV 1949.

[4] BENZ, F., Die physikalischen Grundlagen der elektrischen Entfernungsmessung. – ÖZfV 1952, Hefte 3 und 4.

[5] BERGSTRAND, E., Messungen mit dem GEODIMETER und über die Lichtgeschwindigkeit. – DGK, Reihe A, Heft 28/Teil 1, München 1958.

[6] BJERHAMMAR, A., Elektrooptische Entfernungsmessung mittels Quarzkristallen. – DGK, Reihe A, Heft 28/Teil 1, München 1958.

[7] COETS, G., Remarks Concerning Current Use of the TELLUROMETER. – Jour. Geophys. Res., Vol. 65, No. 2, Feb. 1960.

[8] DELONG, B., B. SKOLIK und P. NEUMANN, Der elektrooptische Distanzmesser des VUGTK. – Geodeticky obzor 1960, sv. 6/48 c. 5.

[9] ECKMANN, W., Untersuchungen über konstruktive und elektrische Maßnahmen zur Schwingzeitverkürzung beim Vermessungskreisel. – Forschungsberichte des Landes NW, Nr. 743, Köln 1959.

[10] EDGE, R. C. A., Report of IAG Special Study Group No. 19 on Electronic Distance Measurement Using Ground Instruments. – Helsinki, Juli 1960.

[11] EGGERT, O., Fehlertheorie der Polygonknotenpunkte. – ZfV 1949, Heft 1.

[12] EMSCHERMANN, E., Messungsgenauigkeiten und Fehlergrenzen im Markscheidewesen. – M. a. d. Markscheidew. 1941.

[13] FISCHER, J., Der luftaufgehängte Vermessungskreisel. – Diss. Bergakademie Clausthal, 1961.

[14] FÖRSTER, G., und G. SCHÜTZ, Systematische Fehler in Geodätischen Netzen. – Veröff. d. Preuß. Geod. Inst., Neue Folge Nr. 101, Potsdam 1929.

[15] Fox, E., Ein Beispiel zur Berücksichtigung der Fehler der Punkte der Landesvermessung bei Anschlüssen. – M. a. d. Markscheidew. 1908, Heft 9.

[16] FRIBERG, C. R., Engineering Test Report Electronic Ranging Equipment. – US Army Engineer Research and Development Laboratories, Fort Belvoir, Va., USA, 1959.

[17] GAMBEL, S. G., The Topographical Survey. – Nova Scotian Surveyor, Dec. 1958.

[18] GERKE, K., Zur Berechnung und Ausgleichung von Streckennetzen. – DGK. Reihe B, Heft 65, Frankfurt 1960.

[19] VON GRUBER, O., Optische Streckenmessung und Polygonierung. – Verlag Wichmann, Berlin, 2. Aufl., 1955.

[20] HART, C. A., Some aspects of the influence on geodesy of accurate range measurement by radio methods with special reference to radar techniques. – Bulletin Geodesique 1948, Seite 307–352.

[21] HILDEBRAND, K., Das elektrooptische Distanzmeßgerät der Askania-Werke AG – DGK, Reihe A, Heft 28/Teil 1.

[22] HINTERKEUSER, J., Über eine Punktpaarbestimmung nach beweglichen Hochzielen und ihre Verwendung zum Aufbau einer weiträumigen Triangulation. – Diss. TH. Aachen 1941.

[23] HORNOCH, A. T., Über die Ausgleichung der Einrechnungszüge. – Mitt. der berg- und hüttenmännischen Abteilung an der Kgl. ungarischen Palatin-Joseph-Universität Sopron, Ungarn. Bd. IV, 1932.

[24] Ders., Über die verknoteten Einrechnungszüge. – Desgl. 1934, Heft 6.

[25] JORDAN, W., Wie groß ist 1 Meter in Preußen? – ZfV 1899.

[26] KAROLUS, A., Die physikalischen Grundlagen der elektrooptischen Entfernungsmessung. – Bayer. Akad. d. Wissensch., Neue Folge 92, München 1958.

[27] KAUER, G., Genauigkeitsuntersuchungen bei Richtungsfestlegungen unter Zuhilfenahme des Theodolitkreisels. – Diss. Bergakademie Clausthal, 1961.

[28] KEINHORST, H., Bei Bodensenkungen auftretende Bodenverschiebungen und Bodenspannungen. – Glückauf 1928.

[29] KELSEY, J., A Method for Reducing Ground Swing in TELLUROMETER Measurements. – Emp. Surv. Rev., Vol. 15, No. 112, April 1959.

[30] Ders., The use of the TELLUROMETER by the Ordnance Survey in 1957 and 1958. – Commonwealth Survey Officers' Conference 1959, Paper No. 26.

[31] KLINGER, H., Radiowellen und Meteorologie. – Phys. Blätter, Heft 6, 1950.

[32] LARIN, B. A., W. N. NASAROFF, A. A. HÄNICKE, W. S. MICHAILOFF und G. A. FELDMANN, Der große elektrooptische Distanzmesser des Zentralen Wissenschaftlichen Forschungsinstituts für Geodäsie, Aerophotogrammetrie und Kartographie.– Geod. kart. 1959, Heft 10.

[33] LASKA, W., Über den Einfluß der Ungenauigkeit gegebener Punkte auf das Resultat des Vorwärtseinschneidens. – ZfV 1900.

[34] LEDERSTEGER, K., Die Lotabweichung im Deutschen Zentralpunkt und die Orientierung des Reichsdreiecksnetzes östlich der Elbe. – Nachr. a. d. Reichsvermessungsdienst 1943.

[35] Ders., Die Orientierung des Reichsdreiecksnetzes. Zweite Untersuchung. – Nachr. a. d. Reichsvermessungsdienst 1944.

[36] Ders., Projektion und Lotabweichung. – ÖZfV 1952, Nr. 6.

[37] LORENTZ, J., und K. BROCKS, Elektrische Meßverfahren in der Geodäsie. – Forschungsbericht Nr. 522 des Wirtschafts- und Verkehrsministeriums von NW, Westdeutscher Verlag, Köln 1958.

[38] Löser, H. G., Die regelmäßigen und zufälligen Fehler bei der Orientierung nach Sonnenhöhen mit Feldmeßtheodoliten. – DGK, Reihe C, Heft 10.

[39] Mackenzie, L., The Geodimeter Measurement at the Ridgeway and Caithness Bases 1953. – Emp. Surv. Rev., No. 95, 1955.

[40] Matthias, H., Elektronische Distanzmessung. – SchwZfV 1959, Hefte 2 und 3.

[41] McLelland, C. D., A Study of the Accuracy of the Tellurometer. – Can. Surv., Vol. 14, No. 7, April 1959.

[42] McLelland, J. I., Untersuchungen über die Brauchbarkeit eines Kleinkreisels für geodätische Arbeiten. – Diss. Clausthal 1959.

[43] Michejetschew, W. S., Von der Genauigkeitssteigerung beim Messen kurzer Strecken mit dem kleinen elektrooptischen Entfernungsmesser DST-2. – Hochschulnachrichten des Ministeriums für höhere und mittlere Spezialausbildung in der UdSSR – Fachgebiet Geodäsie und Aerophotogrammetrie 1960, Heft 4.

[44] Ders., Das Messen kurzer Strecken mit dem elektrooptischen Distanzmesser SWW-1. – Hochschulnachrichten des Ministeriums für höhere und mittlere Spezialausbildung in der UdSSR – Fachgebiet Geodäsie und Aerophotogrammetrie 1959, Heft 4.

[45] Niemczyk, O., Über das exzentrische Mehrgewichtsverfahren. – M. a. d. Markscheidew. 1930.

[46] Niemczyk, O., und E. Emschermann, Messungsgenauigkeiten und Fehlergrenzen im Markscheidewesen. – M. a. d. Markscheidew. 1942.

[47] Niemczyk, O., Spalten auf Island. – Verlag K. Wittwer, Stuttgart 1943.

[48] Ders., Schwierigkeiten des Vermessungswesens in geschlossenen Bergbaugebieten und Vorschläge zu deren Herabminderung. – Geodätische Woche Köln 1950, Verlag K. Wittwer, Stuttgart 1951.

[49] Ders., Bergmännisches Vermessungswesen, Bd. I. – Berlin 1951.

[50] Ders., Dreiecksnetze; das Saargebiet, das Waldenburger Gebiet, das oberschlesische Gebiet. – Der Deutsche Steinkohlenbergbau, Verlag Glückauf, Bd. 2, Essen 1956.

[51] Overhoff, A., Verschiebungen von trigonometrischen und polygonometrischen Punkten im Ruhrgebiet (Bespr. des Aufsatzes von Rothkegel). – M. a. d. Markscheidew. 1901.

[52] Popoff, J. W., I. I. Adrianowa und I. A. Kordlew, Ein kleindimensionierter elektrooptischer Theodolit-Entfernungsmesser der Bauart GDM. – Geod. kart. 1961, Heft 3.

[53] Rothkegel, W., Über Verschiebungen von trigonometrischen und polygonometrischen Punkten im Ruhrkohlengebiet. – ZfV 1901.

[54] Salmaso, S., Radargeodesia. La velocita di propagazione delle onde ellectromagnetiche e la determinazione del coefficiente di rifrazione dell'aria. – Bolletino di Geodesia e Scienze Affini, Anno 17, Nr. 1, 1958.

[55] Salonen, E., Die Genauigkeit der Polygonknotenpunkte. – ZfV 1950, Heft 10.

[56] Schmidt, R., Die Triangulationen in Nordrhein-Westfalen. – Landesvermessungsamt NW, Bad Godesberg 1960.

[57] Schneider, W., Die Richtungsübertragung mittels optischer Ebenen. Ein neuer optischer Richtloter von Zeiß. – M. a. d. Markscheidew. 1937, Heft 2.

[58] Speert, J. L., Tellurometer Operations in Topographic Mapping. – Bericht anläßlich des „International Symposium on Electronic Distance – Measuring Techniques", 5. bis 12. Mai 1959, Washington D. C., USA.

[59] STIER, K. H., Über die Ergebnisse von Meßtruppeneinsätzen der Kreiselmeßstelle der Westfälischen Berggewerkschaftskasse Bochum. – M. a. d. Markscheidew. 1955.

[60] Ders., Über Tätigkeit und Ergebnisse der Arbeiten der Kreiselmeßstelle. Abteilung Markscheidewesen der Westfälischen Berggewerkschaftskasse Bochum. – Mitteilungen der Westfälischen Berggewerkschaftskasse, Heft 16, 1959.

[61] Ders., Stand der Entwicklung des Vermessungskreiselkompasses. – Glückauf 1959, Heft 22.

[62] VERSTELLE, J. Th., Practical survey – applications of Decca and accuracy-data from operational trials. – Archives Internationale de Photogrammetrie, Tome X, 1., Amsterdam 1950.

[63] WADLEY, T., Electronic principles of the Tellurometer. – Transactions of the South African Institute of Electrical Engineers, May 1958.

[64] WARTENBERG, D., Wachstumsgesetze beim Vermessungskreiselkompaß. – Forschungsberichte des Landes NW Nr. 947, Köln 1961.

[65] WELITSCHKO, W. A., W. P. WASSILJEW und W. W. GOLOSSOFF, Die Entfernungsmessung mit dem elektrooptischen Entfernungsmesser und die Bestimmung der Lichtgeschwindigkeit. – Geod. kart. 1956, Heft 1.

[66] WERKMEISTER, P., Einfluß von Fehlern in den Koordinaten der Festpunkte auf die Koordination des Neupunktes bei trig. Punktbestimmungen durch Einschneiden. – ÖZfV 1915.

[67] WOLF, H., Astronomisch-geodätische Lotabweichungen im mittleren Europa. – DGK, Reihe B, Heft 39, Frankfurt am Main. Mitteilung Nr. 22 des Institutes für Angewandte Geodäsie.

[68] WORONIN, W. A., L. I. PIEK und S. S. PLONSKI, Die Erprobung des elektrooptischen Entfernungsmessers GD-300. – Geod. kart. 1960, Heft 6.

[69] AGA Geodetic Instruments, The Geodimeter Models 2, 3 and 4. – Prospekt der Herstellerfirma, Stockholm, Schweden.

[70] ELECTROTAPE Model DM-20, Preliminary Specifications. – CUBIC Corp., San Diego, Calif., USA, 1960.

[71] Neutriangulation des Ruhrgebietes 1920. Koordinaten und Höhen. – Trig. Abt. d. Reichsamtes für Landesaufnahme, Berlin 1923.

[72] Reichsfestpunktfeld. RdErl. d. RMdI. v. 15. 8. 1940 (FP-Erlaß). – Mitteilungen des Reichsamtes für Landesaufnahme, 1940.

Verzeichnis der Anlagen

Anlage 2

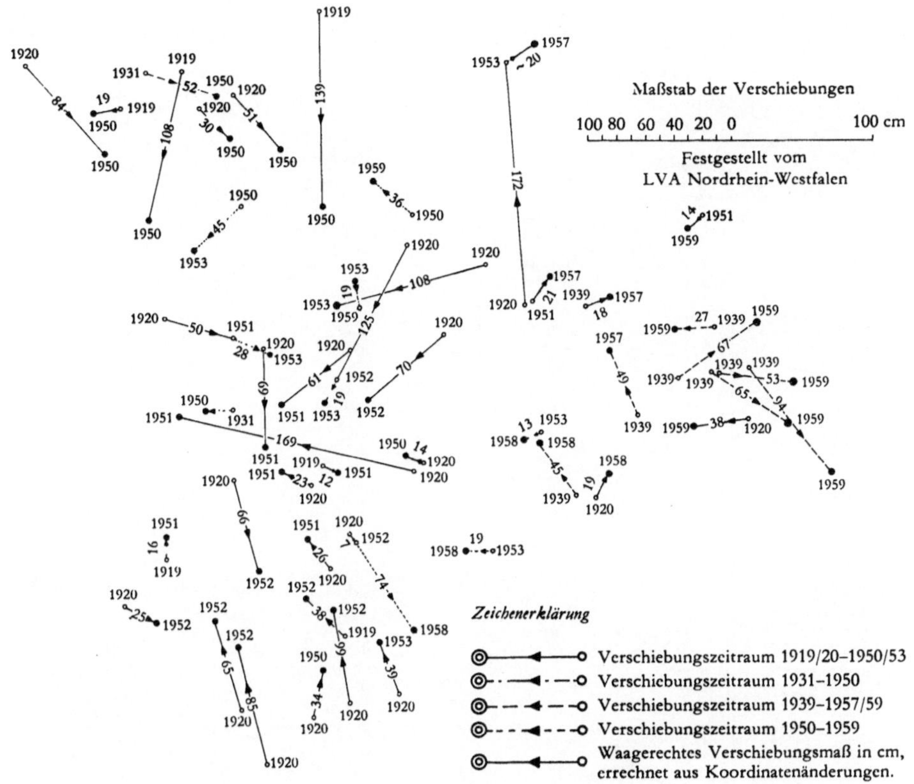

Anmerkung   Bei allen dargestellten Punkten sind Verschiebungen infolge baulicher Veränderungen
(z. B. Kriegsschäden, Instandsetzungsarbeiten usw.) nicht nachweisbar.

Anlage 4

Zeichenerklärung:
Azimut-Stationen
Längen-Stationen
Laplace-Stationen
— + 2,5 — Linien gleicher Lotabweichungsbeträge in Altsekunden
— + 5 —
3446,1   Stationsnummern

Anmerkung:
Die Darstellung zeigt den westlichen Teil der Anlage 4
aus der Veröffentlichung von H. Wolf: Astronomisch-
geodätische Lotabweichungen im mittleren Europa. –
DGK, Reihe. B, Heft 39, Frankfurt/Main 1957, Mitteilung Nr. 22 des Inst. f. angew. Geodäsie

0   50 km

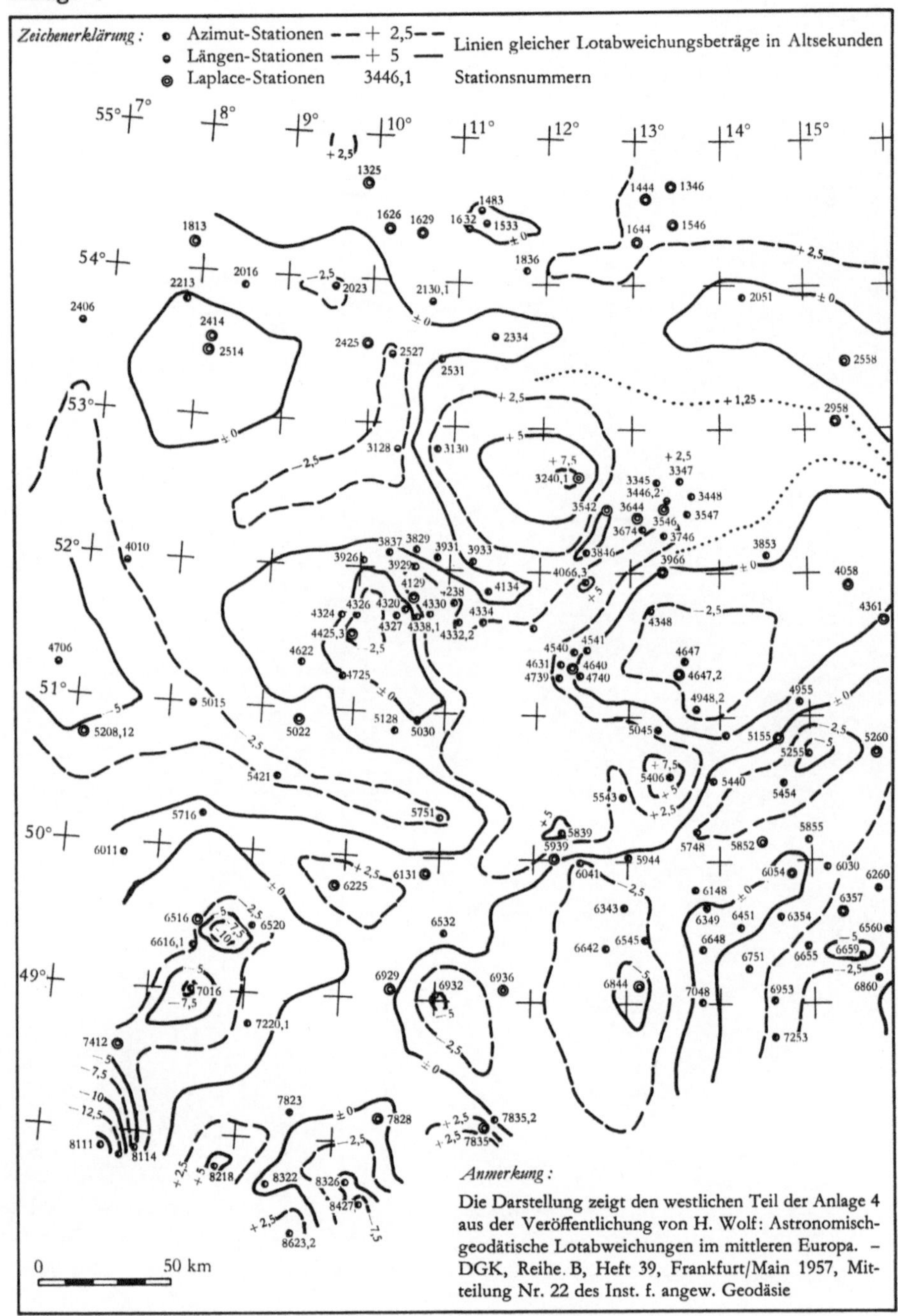

Anlage 5

5740
2580
90
2600
5740
Haltern
TP(1) ○ Hullern, Kirche
30
30
8200 m
TP(2) ○ Stim-Berg, Bdpkt.
5600 m
Recklingh.
PM(3) ○ Suderwich, Bdpkt.
20
20
10 800 m
Herne
10
10
PM(4) ○ Wäsche Lothringen, Hchpkt.
Dortmund
7200 m
Bochum
TP(5) ○ Kaltehardt, Bdpkt.
Witten
5700
5700
6000 m
Lageplan
M 1 : 400 000
0   5   10 km
TP(6) ○ Witten-Bommern, WT.

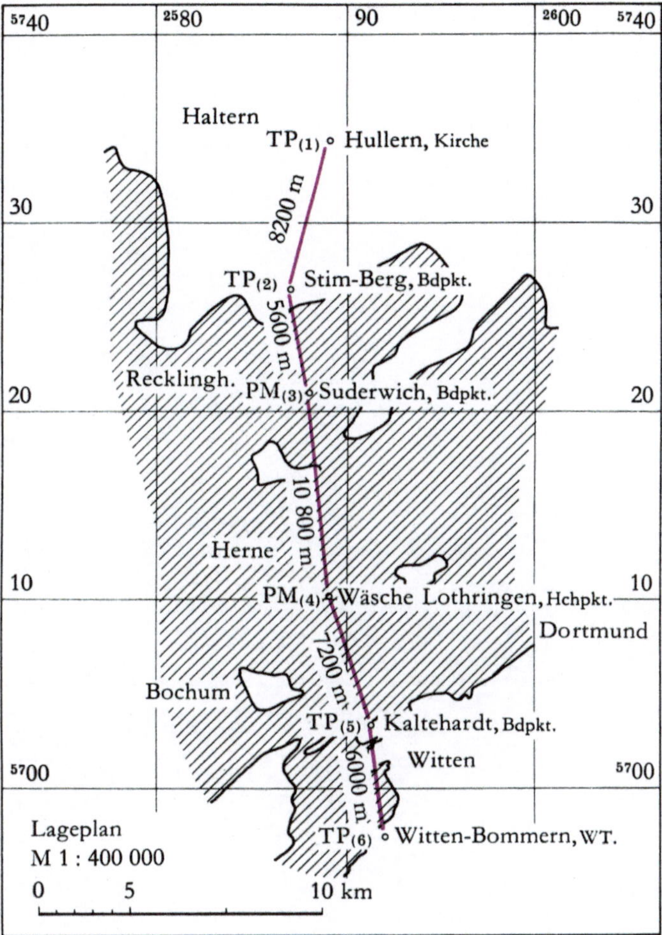

FORSCHUNGSBERICHTE
DES LANDES NORDRHEIN-WESTFALEN

Herausgegeben im Auftrage des Ministerpräsidenten Dr. Franz Meyers
von Staatssekretär Prof. Dr. h. c. Dr.-Ing. E. h. Leo Brandt

BERGBAU

HEFT 16
Max-Planck-Institut für Kohlenforschung,
Mülheim/Ruhr
Arbeiten des MPI für Kohlenforschung
1953, 104 Seiten, 9 Abb. Vergriffen

HEFT 25
Gesellschaft für Kohlentechnik mbH., Dortmund-Eving
Struktur der Steinkohlen und Steinkohlen-Kokse
1953, 58 Seiten. Vergriffen

HEFT 30
Gesellschaft für Kohlentechnik mbH., Dortmund-Eving
Kombinierte Entaschung und Verschwelung von
Steinkohle; Aufarbeitung von Steinkohlenschläm-
men zu verkokbarer oder verschwelbarer Kohle
1953, 56 Seiten, 16 Abb., 10 Tabellen, DM 10,50

HEFT 31
Techn. Überwachungsverein e. V., Essen
Messung des Leistungsbedarfs von Doppelsteg-
Kettenförderern
1954, 54 Seiten, 18 Abb., 3 Anlagen, DM 11,—

HEFT 40
Amt für Bodenforschung, Krefeld
Untersuchungen über die Anwendbarkeit geophy-
sikalischer Verfahren zur Untersuchung von Spat-
eisengängen im Siegerland
1953, 46 Seiten, 8 Abb., DM 8,80

HEFT 58
Gesellschaft für Kohlentechnik mbH., Dortmund-Eving
Herstellung und Untersuchung von Steinkohlen-
schwelteer
1954, 74 Seiten, 9 Abb., 9 Tabellen, DM 13,75

HEFT 120
Dipl.-Ing. A. Weisbecker, Lüdenscheid
Über Anfressung an Reinstaluminium-Schweiß-
nähten bei der elektrolytischen Oxydation
Gebr. Hörstermann GmbH., Velbert
Entwicklung und Erprobung eines neuartigen
Gummibandförderers
1955, 46 Seiten, 18 Abb., DM 9,70

HEFT 123
Dipl.-Ing. J. Emondts, Aachen
Über Bodenverformungen bei stark gestörtem und
mächtigem, wasserführendem Deckgebirge im
Aachener Steinkohlengebiet
1955, 196 Seiten, 37 Abb., 10 Tabellen, DM 28,80

HEFT 139
Prof. Dr. W. Fuchs †, Aachen
Studien über die thermische Zersetzung der Kohle
und die Kohlendestillatprodukte
1955, 64 Seiten, 20 Abb., 22 Tabellen, DM 11,80

HEFT 179
Dipl.-Ing. H. F. Reineke, Bochum
Entwicklungsarbeiten auf dem Gebiete der Meß-
und Regeltechnik
1955, 46 Seiten, 10 Abb., DM 10,—

HEFT 248
Rheinische Aktiengesellschaft für Braunkohlenbergbau
und Brikettfabrikation, Köln
Untersuchung der Bindemitteleigenschaften von
Braunkohlenfilteraschen
1956, 176 Seiten, 26 Abb., 30 Tabellen, DM 35,60

HEFT 252
Dipl.-Ing. H. Frings, Geilenkirchen
Die Wirkung abfallender Wetterführung auf Wetter-
temperatur, Grubengasgehalt und Staubbildung
1957, 118 Seiten, 15 Abb., 23 Tabellen, z. T. auf
großformatigen Falttafeln, DM 35,70

HEFT 253
Dipl.-Ing. S. Schirmanski, Berghausen
Stand und Auswertung der Forschungsarbeiten
über Temperatur- und Feuchtigkeitsgrenzen bei
der bergmännischen Arbeit
1957, 70 Seiten, 24 Abb., 12 Tabellen, DM 17,10

HEFT 258
Dr. H. Paul, Linz a. Rhein und Prof. Dr. O. Graf,
Dortmund
Zur Frage der Unfälle im Bergbau
1956, 52 Seiten, 9 Abb., 22 Tabellen, DM 11,20

HEFT 269
Markscheider R. Bals, Bochum
Eignung des Gebirgsankerausbaus zur Erleichterung des Streckenvortriebs im Steinkohlenbergbau
1956, 84 Seiten, 41 Abb., DM 18,75

HEFT 337
Dr. R. Hoeppener und Dr. W. Bierther, Bonn
Tektonik und Lagestätten im Rheinischen Schiefergebirge
1957, 66 Seiten, 14 Abb., DM 16,25

HEFT 343
Prof. Dr.-Ing. W. Petersen und
Dipl.-Ing. S. Wawroschek, Aachen
Die zweckmäßigsten Gütebestimmungsverfahren und Brikettierungsbedingungen bei der Erzeugung von Braunkohlen-Eisenerz-Briketts
1956, 64 Seiten, 28 Abb., DM 13,95

HEFT 346
Dipl.-Ing. O. Arnold, Aachen
Erfahrungen mit Kernbohrungen zur Lagerstättenuntersuchung im Erzbergbau
1957, 36 Seiten, 2 Abb., 7 Tabellen, 3 Falttafeln
DM 8,80

HEFT 352
Dipl.-Ing. H. Fauser, Aachen
Fahrdynamik und Batterie- Arbeitsverbrauch von Akkumulatorenlokomotiven im Untertagebetrieb
1957, 152 Seiten, 50 Abb., 27 Diagramme, DM 36,10

HEFT 374
Dr. E. Paproth, Krefeld
Paläontologische Bearbeitung der in den devonischen Schichten des Siegerlandes enthaltenen Faunen
1957, 38 Seiten, 3 Tabellen, DM 8,30

HEFT 399
Prof. Dr. habil. H. E. Schwiete und
Dr.-Ing. R. Vinkeloe, Aachen
Möglichkeiten der quantitativen Mineralanalyse mit dem Zählrohrgerät unter besonderer Berücksichtigung der Mineralgehaltsbestimmung von Tonen
1958, 102 Seiten, 34 Abb., 1 Tabelle, DM 26,70

HEFT 477
Sozialforschungsstelle an der Universität Münster zu Dortmund
Beiträge zur Soziologie der Gemeinden. Teil I:
Dr. K. Utermann, Dortmund
Freizeitprobleme bei der männlichen Jugend einer Zechengemeinde
1957, 56 Seiten, DM 12,75

HEFT 478
Prof. Dr.-Ing. habil. W. Petersen und
Dr.-Ing. S. Wawroschek, Aachen
Brikettierungsversuche zur Erzeugung von Möllerbriketts unter Verwendung von Braunkohle
1957, 102 Seiten, 42 Abb., 6 Tabellen, DM 24,25

HEFT 484
Prof. Dr. phil. habil. H. E. Schwiete und
Dr. G. Franzen, Aachen
Beitrag zur Struktur des Montmorillonit
1958, 76 Seiten, 23 Abb., DM 22,—

HEFT 490
Hauptstelle für Staub- und Silikosebekämpfung des Steinkohlenbergbauvereins, Essen-Rüttenscheid
Zur Staub- und Silikosebekämpfung im Steinkohlenbergbau
1958, 90 Seiten, 47 Abb., 7 Tabellen, DM 26,20

HEFT 502
Prof. Dr. M. Diem und Dr. R. Trappenberg, Karlsruhe
Berechnung der Ausbreitung von Staub und Gas
1957, 18 Seiten Text und 67 z. T. großformatige zweifarbige Diagramme, DM 37,30

HEFT 511
Dr.-Ing. habil. H. Wahl, Dipl.-Ing. G. Kantenwein und
Dipl.-Ing. W. Schäfer, Essen
Gesteinsbohr-Modellversuche zur Frage des Drehbohrens, Schlagbohrens, Drehschlagbohrens und Rollenmeißelbohrens
1958, 258 Seiten, 167 Abb., DM 52,—

HEFT 518
Dr.-Ing. H. Scheffler, Dortmund
Funktionelle Zusammenhänge der dynamischen Einflußgrößen beim handgeführten Druckluft-Abbauhammer und ihre Berücksichtigung für die Konstruktion rückstoßarmer Hämmer
1958, 124 Seiten, 68 Abb., 11 Tabellen, DM 34,65

HEFT 522
Dr.-Ing. L. Lorentz, Bonn, und
Dr.-Ing. K. Brocks, Mühlheim a. d. Ruhr
Elektrische Meßverfahren in der Geodäsie
1958, 108 Seiten, 49 Abb., 5 Tabellen, DM 28,—

HEFT 534
Forschungsgemeinschaft Ewald-König Ludwig
Seismische Forschungsarbeiten im Ostteil des Grubenfeldes König Ludwig
1958, 74 Seiten, 34 Abb. (z. T. mehrfarbig), 4 Tabellen, DM 42,80

HEFT 545
Prof. Dr. phil. habil. H. E. Schwiete,
Dr. rer. nat. G. Ziegler und
Dipl.-Ing. Ch. Kliesch, Aachen
Thermochemische Untersuchungen über die Dehydration des Montmorillonits
1958, 48 Seiten, 16 Abb., 4 Tabellen, DM 15,40

HEFT 559
Prof. Dr. phil. habil. H. E. Schwiete und
Dipl.-Chem. R. Gauglitz, Aachen
Die Verflüssigung von Montmorillonitschlämmen
1958, 66 Seiten, 15 Abb., 5 Tabellen, DM 19,30

HEFT 562
Prof. Dr.-Ing. H. Schenck,
Prof. Dr. phil. habil. N. G. Schmahl und
Dr.-Ing. G. Funke, Aachen
Die Reduzierbarkeit von Eisenerzen
1958, 102 Seiten, 89 Abb., 10 Tabellen, DM 29,25

HEFT 575
Prof. Dr. phil. habil. C. Kröger, Aachen
Verkokungsverhalten der Steinkohlenmacerale und
ihrer Mischungen
1958, 58 Seiten, 18 Abb., 19 Tabellen, DM 18,70

HEFT 580
Prof. Dr.-Ing. A. Götte und Dr.-Ing. G. Scholz,
Aachen
Unterstützung der Entwässerung von Feinkohle
durch chemische Hilfsmittel
1958, 246 Seiten, 28 Abb., zahlr. Tabellen, DM 52,50

HEFT 603
Prof. Dr.-Ing. L. Engel und Dr.-Ing. J. Foerster,
Clausthal-Zellerfeld
Gummielastische Stoffe als Dämpfungselemente an
schlagenden Werkzeugen
1959, 48 Seiten, 36 Abb., DM 14,70

HEFT 625
Prof. Dr.-Ing. habil. W. Petersen und
Dr.-Ing. S. Wawroscheck, Aachen
Brikettierungsversuche zur Erzeugung von Möller-
briketts für die Schwelverhüttung
1958, 90 Seiten, 37 Abb., 8 Tabellen, DM 22,40

HEFT 665
Dr. phil. habil. R. Köhler und Dr.-Ing. W. Ostermann,
Bochum
Geräuschuntersuchungen an Druckluftmotoren
1958, 40 Seiten, 21 Abb., DM 12,50

HEFT 686
Dr.-Ing. D. Wartenberg, Clausthal-Zellerfeld
Untersuchungen über die Stromzuführung und den
elektrischen Antrieb beim Vermessungskreisel
1959, 40 Seiten, 14 Abb., 3 Tabellen, DM 11,80

HEFT 698
Prof. Dr.-Ing. F. Kollmann, München
Die Eigenschaftsänderungen von Grubenholz nach
Schutzsalzimprägnierung
1959, 94 Seiten, 60 Abb., 24 Tabellen, DM 25,20

HEFT 712
Gesellschaft zur Förderung der Forschung auf dem Gebiet
der Bohr- und Schießtechnik e. V., Essen
Untersuchungen über das Drehschlagbohren
1959, 56 Seiten, 56 Abb., 1 Tabelle, DM 16,80

HEFT 713
Dr.-Ing. E. Menzenbach, Aachen
Die Anwendbarkeit von Sonden zur Prüfung der
Festigkeitseigenschaften des Baugrundes
1959, 216 Seiten, 190 Abb., 24 Tabellen, DM 52,—

HEFT 727
Prof. Dr. phil. habil. C. Kröger, Aachen
Eigenschaften und chemische Konstitution der
Steinkohlenmacerale
1959, 60 Seiten, 27 Abb., 16 Tabellen, DM 16,20

HEFT 743
Dr.-Ing. W. Eckmann, Dortmund
Untersuchungen über konstruktive und elektrische
Maßnahmen zur Schwingzeitverkürzung beim
Vermessungskreisel
1959, 72 Seiten, 32 Abb., 10 Tabellen, DM 19,—

HEFT 750
Dipl.-Geologe M. Reinhardt, Horrem (Bez. Köln)
Schlechtenuntersuchungen in den Flözen des
Aachener Steinkohlengebirges
1959, 114 Seiten, 34 Abb., DM 27,—

HEFT 754
Prof. Dr. F. Lotze und Dr. U. Rosenfeld, Münster
Beiträge zur Frage der Stockwerktektonik im Ruhrkohlengebiet I
1960, 140 Seiten, 30 Abb., 17 Profile,
1 Karte, DM 49,—

HEFT 755
Dr.-Ing. H. Klein, Wetzlar
Polynologisch-stratigraphische Untersuchungen in
den Grenzflözen der Mittleren und Oberen Essener
Schichten (Westfal B) im mittleren Ruhrgebiet im
Bereich der Emscher-Mulde
1959, 85 Seiten, 18 Abb., 4 Tafeln, DM 23,30

HEFT 762
Dipl.-Ing. W. Götzmann, Bochum
Entwicklung von Geräten für die Messung von
Förderseil- und Fördermaschinenschwingungen
Teilbericht: Gerät zur Messung der Beschleuni-
gungskomponenten an vertikal und horizontal
schwingenden Förderkörben oder -gefäßen
1959, 36 Seiten, 20 Abb., DM 11,20

HEFT 782
Dr.-Ing. K. Werner, Essen
Temperatur und Dehnungsmessungen in einem
Gefrierschacht
1960, 82 Seiten, 25 Abb., 9 Tabellen, DM 25,30

HEFT 783
Dipl.-Ing. B. Hornemann, Essen
Haftzugversuche auf dem Gebiete des Schacht-
ausbaues
1960, 22 Seiten, 14 Abb., 10 Tabellen, DM 7,70

HEFT 851
Prof. Dr. K. Rode, Aachen
Die Dolomite am Nordwest-Abfall des Hohen
Venns im Raume Aachen-Stolberg
1960, 52 Seiten, 15 Abb., 4 Tabellen,
5 Anlagen, DM 18,40

HEFT 861
Prof. Dr.-Ing. habil. G. Sonntag, München
Spannungsoptische und theoretische Untersuchungen der Beanspruchung geschichteter Gebirgskörper in der Umgebung einer Strecke
1960, 89 Seiten, 38 Abb., DM 25,10

HEFT 893
Dr. Ü. Tümer, Bonn
Die Tektonik im Ostteil des Velberter Sattel (Rheinland)
1960, 60 Seiten, 27 Abb., 1 Tabelle, 1 Tafel, DM 17,90

HEFT 909
Dipl.-Volksw. Dr. Alfred Plitzko, Institut für Wirtschaftswissenschaften der Technischen Hochschule Aachen
Bemerkungen zu den Wettbewerbsbedingungen zwischen Kohle und Erdöl
1960, 76 Seiten, 2 Abb., 36 Tabellen, DM 20,60

HEFT 939
Prof. Dr.-Ing. habil. Wilhelm Petersen und Dipl.-Ing. Hans Mingenbach, Dozentur für Brikettierung der Technischen Hochschule Aachen
Untersuchungen über die Herstellung von Erzbriketts
1961, 84 Seiten, 67 Abb., 2 Tabellen, DM 25,60

HEFT 945
Prof. Dr. Franz Lotze und Dr. Rolf Schmidt Münster (Westf.)
Beiträge zur Frage der Stockwerktektonik im Ruhrkohlengebiet II
1961, 66 Seiten, 39 Abb., 2 Tabellen, DM 28,30

HEFT 947
Dr.-Ing. Dietrich Wartenberg, Westfälische Berggewerkschaftskasse, Bochum
Wachstumsgesetz beim Vermessungskreiselkompaß
1961, 38 Seiten, 1 Abb., 2 Tabellen, DM 11,30

HEFT 954
Dipl.-Ing. Helmut Grupe, Westfälische Berggewerkschaftskasse, Bochum
Entwicklung einer Einrichtung zur Prüfung von Förderseilen nach dem magnetinduktiven Verfahren
1961, 72 Seiten, 62 Abb., DM 23,60

HEFT 993
Prof. Dr.-Ing. habil. August Götte und Dipl.-Ing. Manfred Schäfer, Institut für Aufbereitung, Kokerei und Brikettierung, Aachen
Untersuchungen über die Entwässerung durch Heizöl umbenetzter Steinkohlenschlämme
1961, 120 Seiten, 51 Abb., 26 Tafeln, DM 35,40

HEFT 999
Prof. Dr. Franz Lotze (Geologisch-Paläontologisches Institut der Universität Münster), Prof. Dr. W. Semmler, Essen, Dr. Klaus Kötter, Essen, und F. Mausolf †
Hydrogeologie des Westteils der Ibbenbürener Karbonscholle
1962, 113 Seiten, 45 Abb., 8 Tabellen, DM 36,90

HEFT 1017
Prof. Dr. Karl Rode, Geologisches Institut der Technischen Hochschule Aachen
Bestandsaufnahme des quarzitischen Sandsteins im Oberkarbon östlich von Aachen und des linksrheinischen Koblenzquarzits
1961, 79 Seiten, 9 Abb., 2 Tafeln, 2 Kartenskizzen im Anhang, DM 25,30

HEFT 1050
Dipl.-Geol. Dr. Johannes Hartlieb, Geolog. Landesamt Nordrhein-Westfalen, Krefeld
Regionale Erfassung der Tonsteine des rheinisch-westfälischen Steinkohlengebirges und Versuch ihrer Auswertung als Leithorizonte
1961, 146 Seiten, 31 Abb., 14 Bildtafeln, 16 Anlagen, DM 47,00

HEFT 1058
Dipl.-Bergingenieur Joachim B. Rolfes, Johannesburg
Der Vergasungsversuch unter Tage von Breitscheid / Dillkreis
1962, 137 Seiten, 47 Abb., zahlreiche Anlagen DM 45,30

HEFT 1079
Prof. Dr.-Ing. habil. August Götte und Dipl.-Ing. Wilfried Flöter, Institut für Aufbereitung, Kokerei und Brikettierung der Rhein.-Westf. Technischen Hochschule Aachen
Untersuchungen zur Wirkung von Flockungsmitteln und deren Einfluß auf Flotation und Entwässerung feiner Steinkohle
1962, 129 Seiten, 48 Abb., 29 Tafeln, zahlr. Anlagen DM 55,50

HEFT 1080
Prof. Dr.-Ing. Ludolf Engel, Bergakademie Clausthal
Theorie der handgeführten schlagenden Druckluftwerkzeuge und experimentelle Untersuchungen insbesondere an Abbauhämmern im normalen und abnormalen Betrieb.
1962, 86 Seiten, 53 Abb., 4 Tabellen, DM 39,—

HEFT 1138
Oberlandesgeologe Priv.-Doz. Dr. Herbert Karrenberg, Landesgeologe Dr. Harald Kühn-Velten, Dipl.-Geol. Horst Schellhorn, Dr. Gerhard Stadtler und Landesgeologe Dr. Richard Wolters, Geologisches Landesamt, Krefeld
Geologische und bodenmechanische Ursachen von Rutschungen, Gleitungen und Bodenfließen
In Vorbereitung

HEFT 1160
Dr. rer. nat. Horst Zimmermann, Geologisch-Paläontologisches Institut der Universität Münster,
Störungsform und -häufigkeit sowie Faltenform in Abhängigkeit von der Gesteinsausbildung im Gebiet südlich Bochum
In Vorbereitung

HEFT 1189
*Prof. Dr.-Ing. E.h.Dr.phil. Oskar Niemczyk †, Berlin,
und Dipl.-Ing. Heinz Wesemann, Bochum*
Beitrag zur Wiederherstellung des trigonometrischen Festpunktfeldes in geschlossenen, umfangreichen Bergbaugebieten

HEFT 1197
*Priv.-Doz. Dr. Dieter Richter, Forschungsstelle für
regionale und angewandte Geologie des Geologischen
Instituts der Rhein.-Westf. Technischen Hochschule
Aachen*
Schiefrigkeit und tektonische Achsen im Gebiet des
Velberter Sattels (Rheinisches Schiefergebirge)
In Vorbereitung

HEFT 1198
*Priv.-Doz. Dr. Dieter Richter, Forschungsstelle für
regionale und angewandte Geologie des Geologischen
Instituts der Rhein.-Westf. Technischen Hochschule
Aachen*
Die δ-Achsen und ihre räumlich-geometrischen
Beziehungen zu Faltenbau und Schiefrigkeit
In Vorbereitung

HEFT 1199
*Dipl.-Ing. Hans Furtak und Dipl.-Ing. Eberhard
Hellermann, Forschungsstelle für regionale und angewandte Geologie des Geologischen Instituts der Rhein.-
Westf. Technischen Hochschule Aachen*
Die tektonische Verformung von pflanzlichen
Fossilien des Karbons
In Vorbereitung

HEFT 1200
*Dipl.-Ing. Hans Furtak, Forschungsstelle für regionale
und angewandte Geologie des Geologischen Instituts der
Rhein.-Westf. Technischen Hochschule Aachen*
Die „Brechung" der Schiefrigkeit
In Vorbereitung

HEFT 1201
*Prof. Dr. Hans Breddin, Forschungsstelle für regionale
und angewandte Geologie des Geologischen Instituts der
Rhein.-Westf. Technischen Hochschule Aachen*
Zur geometrischen Tektonik des altdevonischen
Grundgebirges im Siegerland (Rheinisches Schiefergebirge)
In Vorbereitung

HEFT 1202
*Prof. Dr. Hans Breddin und Dipl.-Ing. Eberhard
Hellermann, Forschungsstelle für regionale und angewandte Geologie des Geologischen Instituts der Rhein.-
Westf. Technischen Hochschule Aachen*
Petrogene Mineralgänge im Paläozoikum der
Nordeifel und ihre Beziehungen zur inneren Deformation der Gesteine
In Vorbereitung

HEFT 1203
*Priv.-Doz. Dr. Dieter Richter, Forschungsstelle für
regionale und angewandte Geologie des Geologischen
Instituts der Rhein.-Westf. Technischen Hochschule
Aachen*
Der geologische Bau des südwestlichen Teiles des
Massives von Stavelot (Belgien) unter besonderer
Berücksichtigung seiner tektonischen Prägung
In Vorbereitung

HEFT 1239
*Dipl.-Geol. Dr.-Ing. Gert Michel, Geologisches
Landesamt Nordrhein-Westfalen, Krefeld*
Untersuchungen über die Tiefenlage der Grenze
Süßwasser—Salzwasser im nördlichen Rheinland
und anschließenden Teilen Westfalens, zugleich
ein Beitrag zur Hydrogeologie und Chemie des
tiefen Grundwassers
In Vorbereitung

Verzeichnisse der Forschungsberichte aus folgenden Gebieten können beim Verlag angefordert werden:
Acetylen/Schweißtechnik – Arbeitswissenschaft – Bau/Steine/Erden – Bauwirtschaft – Bergbau – Biologie –
Chemie – Eisenverarbeitende Industrie – Elektrotechnik/Optik – Energiewirtschaft – Fahrzeugbau/Gasmotoren – Farbe/Papier/Photographie – Fertigung – Funktechnik/Astronomie – Gaswirtschaft – Holzbearbeitung – Hüttenwesen/Werkstoffkunde – Kunststoffe – Luftfahrt/Flugwissenschaften – Luftreinhaltung –
Maschinenbau – Mathematik – Medizin/Pharmakologie/NE-Metalle – Physik – Rationalisierung – Schall/
Ultraschall – Schiffahrt – Textiltechnik/Faserforschung/Wäschereiforschung – Turbinen – Verkehr – Wirtschaftswissenschaft.

WESTDEUTSCHER VERLAG · KÖLN UND OPLADEN
567 Opladen/Rhld., Ophovener Straße 1–3